3D Stift: Farben & Konstruktion

#1 Feen Häuser
& Fantasie Gärten

Von Angie Scarr
& Frank Fisher

Widmung

Dieses Buch ist Rosie gewidmet. Rosie - Du kannst Dich an Kreativität erfreuen, auch wenn es nicht "hohe Kunst" ist ;-)!

Veröffentlichungsangaben

Titel der Englischen Originalausgabe :"3D Pen: Colour & Construct #1 Fairy Houses & Fantasy Gardens", Sliding Scale Books (SSPB07), 2018

Plaza De Andalucia 1, Campofrio, 21668, Huelva, Spain.

(c) Copyright Frank Fisher & Angie Scarr 2018

Illustration & Fotografie Angie Scarr & Frank Fisher

Design Angie Scarr & Frank Fisher

Übersetzung der deutschen Ausgabe: Anke Humpert 2020

ISBN 9788412202915

Inhalt

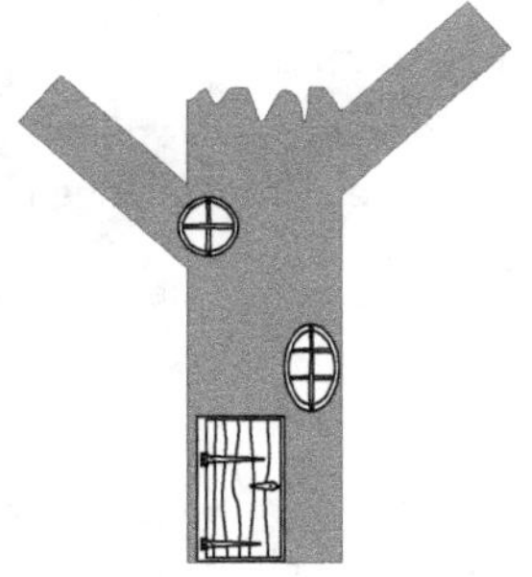

Einleitung

Der große Vorteil von Feenhäusern als Miniaturobjekten ist, dass man die Maßstäbe so wählen kann wie man es gerne möchte. Man kann den rationalen Geist ausschalten und winzige Häuser zwischen Pflanzen und Blumen in natürlicher Größe setzen oder die Pflanzen und Blüten auch winzig klein ausführen. Du kannst auch Dinge in Orginalgröße ausborgen und zu deiner Szenerie hinzufügen, so wie es ein "Borger" oder eine Fee tun würde! Das Gras kann lang sein, die Fenster viel größer als maßstäblich. Proportionen sind in der Feenwelt nicht wirklich wichtig. Der Miniaturist kann sich bei dieser Erkundung von Feenhäusern in der Fantasiewelt völlig von den normalen Regeln verabschieden und ich hatte sehr viel Spaß dabei. Ich hoffe die LeserInnen meiner Polymer Clay Bücher werden dieses neue fantastische Abenteuer mit mir zusammen genießen und sich darüber freuen, dass sie neue Werkzeuge zu Ihrer kreativen Ausstattung hinzufügen können. Es ist wichtig, dass Deine Feenhäuser nicht zu perfekt ausgeführt werden. Schließlich würden Feen ihre Häuser ja auch nicht mit vorgefertigten Betonteilen, sondern eher mit Zweigen und Blätter, Kiesel oder was auch immer er oder sie auf dem Boden im Wald finden würde, verwenden, vielleicht sogar Abfall!

Wie fange ich an?

Was Du brauchen wirst

Einen 3D Stift. Am Anfang brauchst Du keinen teuren 3D Stift. Es ist ein bisschen wie Schreiben oder Zeichnen lernen. Und viel Geld für einen Stift auszugeben ist nicht so wichtig. Versuche einen mit verschiedenen Temperatur-Einstellungen zu bekommen, aber dafür musst Du nicht unbedigt mehr Geld ausgebenen. Siehe Dir die Liste am Ende des Buches mit Vorschlägen für Anbieter an. In diesem Buch verwende ich den (zur Zeit der Herausgabe diese Buches) günstig und funktionalen Idrawing 3D Stift, Modell ID-361.

Filament

Ein Sortiment von farbigen Filamente, die zu Deinem 3D Stift passen. Bitte beachte, dass manche 3D Stifte nur eine kleine Temperaturbereich haben. Das bedeutet, dass Du Filamente aussuchen solltest, die zu dem Temperaturbereich Deines 3D Stiftes passen müssen. Die meisten benützen ABS 1.75mm (z. Z. des Drucks), aber der Stift, den ich für dieses Buch benütze, hat auch eine zweite Temperatur-Einstellung, so das ich auch PLA benützen kann. Wie auch immer, dauernd werden neue sicherere und umweltfreundlichere Produkte für den 3D Druck entwickelt, und wie ich vermute werden die Stifte sicherlich diesem Trend folgen.

Für den Anfang sollte ein Bündel oder zwei kürzere Stücken Filament in verschiedenen Farben ausreichen.

Für die Projekte in diesem Buch wirst du wahrscheinlich eher natürliche Grün-Töne verwenden wollen, obwohl manche Leute auch kräftigere Grün-Töne für Fantasie-Szenen mögen. Einige Firmen bieten günstige Packungen mit verschiedenen Teilstücken in einer Reihe von Farben an. Und es gibt auch Firmen, die sich auf einfarbige Teilstücke spezialisiert haben. Und einige bieten Filamente in sehr kurzen Teilstücken an. Du wirst auch einige Holzfilaments benötigen. Diese schmelzen bei niedrigeren Temperaturen, so dass Du auf jeden Fall eine Maske tragen solltest, falls Dein Stift keinen Temperaturregler hat (siehe unten).

Wenn Du z.B. "richtiges" Grün verwenden willst, wird das größte Problem wahrscheinlich sein, alles Material von einem einzigen Anbieter zu bekommen. Die Firmen, die kürzere Teilstücke anbieten haben oft eine größere Farbauswahl, aber auch das teuerste Material pro Kilo gerechnet. Andererseits können die kürzeren Stücken gerade für Anfänger und beim Arbeiten mit kleineren Stücken von Vorteil sein.

Sobald Du mehrere Stücke anfertigen wirst, wirst Du von einigen Filamenten, die während des Zeichnens herausspringen oder sich aufteilen "genervt" werden. Ich würde nur wirklich gute Qualitätsfilaments, wie z.B. Rigid Inks, empfehlen, jedoch muss man leider auch andere Hersteller in Betracht ziehen, wenn man eine vernünftige Farbauswahl haben möchte. Die Hersteller-Liste ist am Ende des Buches. Wenn Du große Schwierigkeiten haben solltest, kannst Du mich über meine Website kontaktieren.

Gesichtsmaske mit Karbonfilter. Momentan habe ich noch bei keiner Verpackungen von 3D Stiften gesehen, dass das Tragen einer Gesichtsmaske vom Hersteller empfohlen wird, aber ich bin davon überzeugt dass das zukünftig der Fall sein wird. Auf jedem Fall würde ich sehr dazu raten eine Maske zu tragen. Und besonders wenn der Stift in Räumen, die von mehreren Leuten benutzt werden, verwendet wird, eine ausreichend gute Lüftung. Ich halte es auch für eine wirklich gute Idee einen kleinen Absaug-Ventilator zu verwenden.

Eine Arbeitsplatte und/ oder eine Glasplatte, die mit einem Haftmittel beschichtet ist, um darauf zu Arbeiten. Empfehlungen findest Du in der Herstellerliste.

Zugang zu einem Foto-Kopierer oder einem Scanner und Drucker.

Andere Werkzeuge

Eine kleine, spitze Schere um haarige Stückchen, die von den Filamenten abstehen von den fertigen Stücken abzuschneiden. Eine Schneideklinge um die fertigen Stücken von der Arbeitsplatte abzuheben.

Andere Materialien

Verpackungs-Röhren aus Karton oder leere Puddingpulver-/ Kakaopulver-Dosen. (Anmerkung der Übersetzung: Puddingpulverdosen, wie in Groß-Britanien, sind in Deutschland kaum zu finden. Jede andere röhrenförmige Kartondose in der passenden Größe kann natürlich auch verwendet werden, z.B. Kakao oder Protein-Pulver Dosen). Und ganz viele saubere, leere Tetrapack-Kartons (H-Milch und Saft wird meist so verpackt).

Dokumentenechte / Waserfeste Stifte um Vorlagen auf Tetrapacks zu Übertragen oder um Vorlagen zu verändern.

Scheren zum Schneiden und um die 3D Vorlagen zusammen zubauen.

Abdeckklebeband (Kreppband) um Vorlagen auf der Unterlage festzukleben, zum Zusammenbauen und um Bereiche abzukleben usw.

Vielleicht willst Du um Deine Häuser zu verstärken Maschendraht verwenden,. Maschendraht bekommst du meist in Tierhandlungen, da er oft für Tierkäfige verwendet wird. Man kann ihn mit einer kräftigen Scheren oder Drahtzangen abschreiden.

Zeichnen von Flächen und Zeichentechniken

Auswählen einer Arbeitsfläche

Für flache 3D Zeichnungen verwende ich eine MDF-Platte (54 x 42cm), auf der ich meine Vorlagen-Doppelseiten festklebe. So habe ich genügend Platz und ich kann sogar weitere kleine Teile an den Rändern hinzufügen, z. B. extra Früchte oder Blumen an denen ich gleichzeitig arbeiten kann, wenn ich z. B. die Farben nicht wechseln möchte, und trotzdem möchte ich die extra Teile, zum Beispiel für Hopfen und Brombeersträucher verwenden. Ich arbeite auf meinen Schoß, da das die bequemste Stellung für meine Arme ist. Wenn ich auf einer Glasplatte arbeite benütze ich eine Glastüre, die ich in der Ikea Fundgrube gefunden habe. Manchmal kann man auch klare Glasplatten bekommen, die als Schneidebretter in der Küche benützt werden, oder gehärtete Glasplatten die als Tischplatten verwendet werden, die genauso gut benützt werden können.

Flache Zeichnungen

Als erstes solltest Du auf jeden Fall die Vorlage fotokopieren. Denn Du wirst Dein Buch ja nicht beschädigen wollen und möglicherweise die gleich Vorlage öfter verwenden wollen.

Dann solltest Du Dich entscheiden, welche Technik Du verwenden willst, je nachdem welche Vorlage und welchen Effekt Du erzielen möchtest.

1) Direkt auf dem Papier arbeiten. Klebe Dein Papier direkt auf Deiner Arbeitsplatte fest und zeichne direkt auf dem Papier. Bei den meisten Papiersorten ist die Haftung gut, was von Vorteil ist. Andererseits ist die Haftung oft zu gut, was ein Nachteil ist, und bei viele Papiersorten ist es am Schluss doch schwierig alles abzuheben. Du kannst jedoch das Papier einweichen und mit Hilfe einer Zahnbürste alle Papierreste entfernen. Der Nachteil davon ist, dass das ziemlich lange dauern kann. Ein weiterer Vorteil bei der Verwendung von Papier ist jedoch, dass man die Konturen der Vorlage verwenden kann und weil die Tinte der Fotokopie von dem geschmolzenen Filament aufgenommen wird das Design verbessert. Das funktioniert besonders gut bei der Libelle von Seite 45.

2) Transparent Papier über Fotokopien fest kleben. Bestimmtes Transparent-Papier verhindert das Festkleben (der Filamente) etwas besser als normales Papier und das kann ganz nützlich für das spätere Entfernen der Arbeiten sein, macht es aber auch etwas schwieriger die Arbeiten zu fixieren.

3) Benützen von Glasflächen

Es gibt Sprühkleber und Farben, die dabei helfen das Filament an der Oberfläche zu fixieren. Wenn man versucht zu zeichnen rutscht das Filament ansonsten einfach ab. Ich habe Sennelier's Fixatif verwendet, jedoch sind nun auch viele andere Produkte erhältlich: 3DLac, Dimafix, und MagiGoo.

Scheinbar kann man auch folgende Haarsprays verwenden: L'Oréal Studio Pro "Boost It", L'Oréal Elnett Satin. Oder auch Klebestifte wie: Wizard, Q-Connect, U-Stick, UHU, Pritt Stick. Ich habe jedoch beides noch nicht probiert.

Befestige Dein Papier mit Kreppband direkt unter der Glasplatte und dann kannst Du direkt auf dem Glas arbeiten. Die Oberflächen müssen nach jedem Projekt meist wieder neu besprüht werden und es kann lästig sein jedes mal wieder auf das Trocknen zu warten.

4) Spezielle Matten

Matten mit bereits eingekerbten Mustern, meistens aus Silikon, werden nun auch hergestellt. Diese sind in Prinzip auch gut, aber Silikon Oberflächen können, vor allem wenn sie noch neu, sind etwas kniffelig beim Befestigen sein. Momentan sind sie auch noch ziemlich kostspielig.

5) Es gibt jedoch noch eine andere Möglichkeit, die ein sehr gutes Festhalte- und Ablös-Ergebnis hat. Man kann die Vorlage auf der silbernen Innenseite von Tetrapak-Kartons nach zeichnen. Milch und Saft wird oft in solchen Tetrapak-Kartons angeboten. Beide Oberflächen, Innen (silberfarben) und Außen (bedruckt), haben genau die richtige Haftung und gleichzeitig kann man die Arbeit von ihnen ohne Rückstände, bzw. ohne zu viele Rückstände auf der bedruckten Seite, ablösen. Besonders die Innenseite hat eine hervorragende Oberfläche um darauf zu zeichnen und man kann eine Fotokopie indem man die Zeichnung mit einem Bleistift nachfährt übertragen. Sie (die Innenseite) kann auch für innere und äußere 90 Grad Winkel und V-Formen von bestimmten Vorlagen, wie zum Beispiel dem Schmetterlinge (Seite 44) und 3D Stielen für Büsche zu formen, verwendet werden. Für einfache Vorlage ist das die allerbeste Möglichkeit, daher solltest Du ab sofort alle Deine Tetrapaks auswaschen! Du kannst die Ober- und Unterseiten abschneiden. Und um sie zu öffnen schneidest du entlang des Klebefalzes. Denke daran die Verschlüsse auch zum Plastikrecycling, wenn es auch für Tetrapak Kartons vorgesehen ist, zu geben.

Ausmalen

Vorlagen mit 3D Filamenten auszumalen ist so ähnlich wie Ausmalen in unserer Kindheit. Es kann sowohl frustrierend sein als auch viel Spaß machen. Du wirst jede Lücke so sauber wie möglich ausfüllen wollen, aber trotzdem musst Du die Beschränkungen des 3D Stiftes berücksichtigen. Ein komplett sauberes Aussehen wirst Du niemals hinbekommen, ohne mit anderen Materialien aufzufüllen oder zu schleifen usw., und meiner Meinung nach solltest Du sowieso mit anderen Materialien arbeiten wenn du so ein Aussehen haben möchtest! Also lasst uns mit diesem netten, "kritzeligen" Material, das wir nun einmal haben, arbeiten und nicht gegen die Eigenschaften die es nun einmal besitzt.

Es ist sehr hilfreich sich beim Ausfüllen der Flächen kleinere und mittleren Abschnitte vorzustellt, so als ob man an einer Stickerei arbeiten würde. Es gibt einige unterschiedliche Arten wie man die Abschnitte einzeichnen kann. Entweder kann man die Konturen in einer Farbe einzeichnen und dann die nächste Schicht direkt daran anschließen, oder sogar etwas über die Umrisse gehend einfügen. Oder man kann eine andere Richtung für den Stiftstrich verwenden, um zusätzlich Textur hinzu zufügen, oder um einen Comic-artigen Eindruck zu bekommen kann man die Kontur mit einer anderen Farbe überdecken. Eine weitere Möglichkeit verschiedene Elemente zu betonen, ist es, mit der gleichen Farbe und einer heißen Stiftspitze, jedoch ohne mehr Filament hinzu zufügen, noch einmal darüber zu zeichnen.

Wie man zwei verschiedene Arten von Linien zeichnet

Wenn Du eine Linie mit dem Filament machen möchtest, solltest Du das Material aus der Spitze heraus fließen lassen während Du den Stift davon weg bewegst. Wenn Du eine flachere Linie haben möchtest, musst du die Spitze durch das

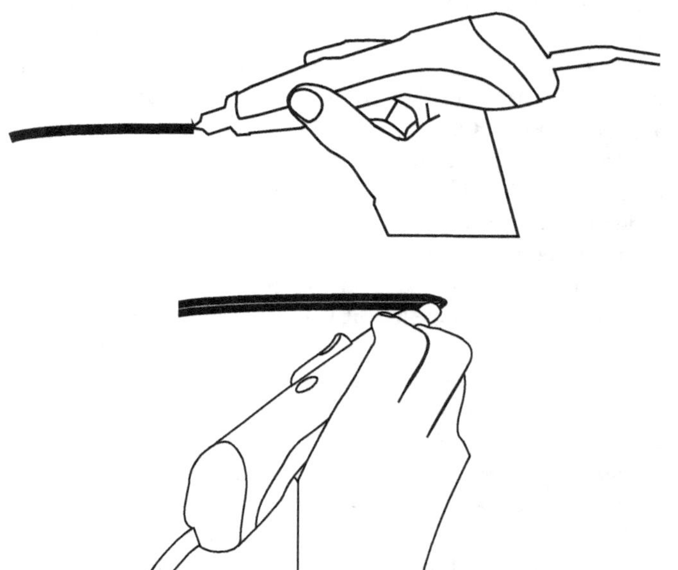

Material ziehen während es heraus fließt. (z.B. beim Gras auf Seite 21)

Füllmethoden

Es gibt einige Bewegungen, die man verwenden kann, wenn man kleinere oder auch größere Flächen auf der Oberfläche mit Farben füllen möchte.

Gerade Linien, die an einer Seite enden, währen das Filament nur bei der nach unten oder seitlichen Bewegungen des Stiftes nachgeschoben wird. Die Nachfuhr wird dann wieder freigegeben und die zweite Linie liegt direkt neben der Ersten, so dass das heiße Plastik miteinander verschmilzen kann. Wenn

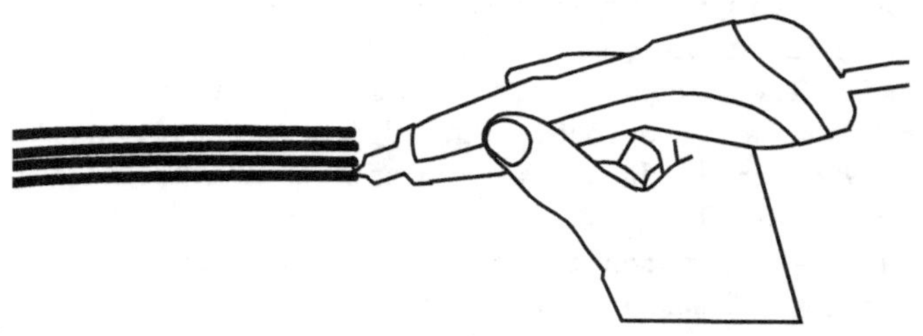

man diesen Vorgang etwas weiter auseinander zieht und fester drückt werden die Filamente voneinander getrennt. Oder es entsteht eine sehr dünne Verbindung in der Mitte. Ich habe das entdeckt, als ich Gras gezeichnet habe und die Nachfuhr wurde am Ende des Striches wieder freigegeben, so dass sich die Spitzen sogar hoch kringelten. Dieser Effekt kann sehr dekorativ sein, muss aber an einer dickeren Fläche befestigt (oder dort begonnen) werden.

Gerade Linien ohne Absetzen bedeutet das der Nachschub fortgesetzt wird auch wenn man zum Ausgangspunkt zurück kehrt. In beiden Fällen sind die Linien nebeneinander und dabei erhältst Du einen Schnur-Effekt.

Gerade Linien während man die Stift-Spitze durch das heiße Plastik zeiht. Das bedeutet sozusagen dass man die Spitze in einen Winkel aufsetzt so dass der Nachschub vor der Spitze ausgedrückt wird und den Stift fortwährend nach

vorne schiebt. Wenn man es mit leichter Hand ausführt wird das Filament abgeflacht. Ich verwende diese Technik

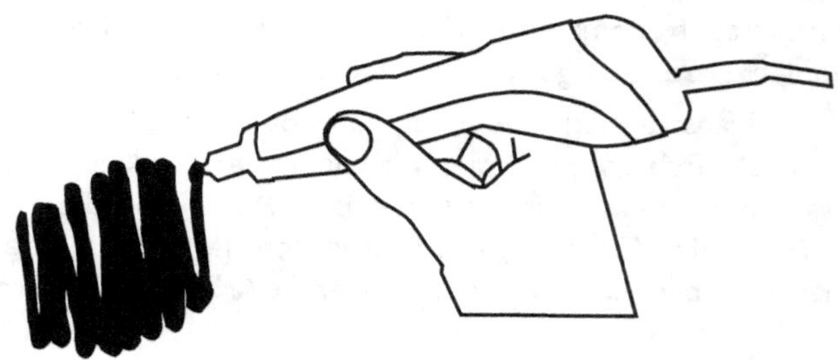

um Blätter und Blumen zu füllen. Man erhält eine flache Begrenzung und das bedeutet, dass man relativ filigrane Blumen, wie Mohnblüten, machen kann. Die Ränder sind dicker und fester zusammengeklebt, und daher verstärkt.

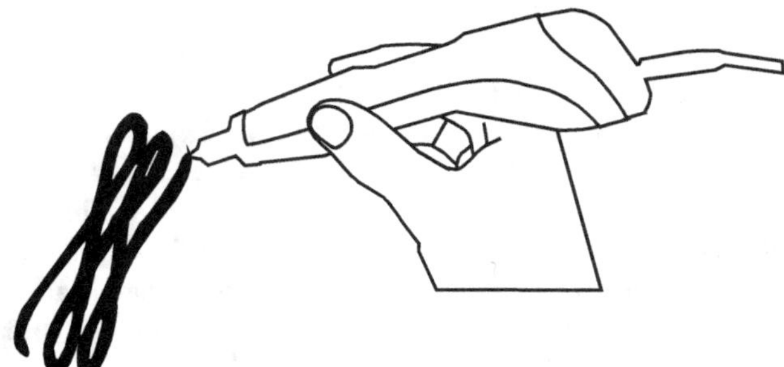

Achten als Formen. Ähnlich wie bei den geraden Linien. Wenn man es übt und wenn man den Nachschub auf schnell stellt (wenn Du einen Stift hast, bei dem man die Zufuhrgeschwindigkeit einstellen kann) kann das eine der schnellsten Möglichkeiten sein eine größere Fläche mit relative dicken Schichten Filament zu füllen.

Wenn Dein Stift dazu neigt heißes Plastik nach zu schieben,

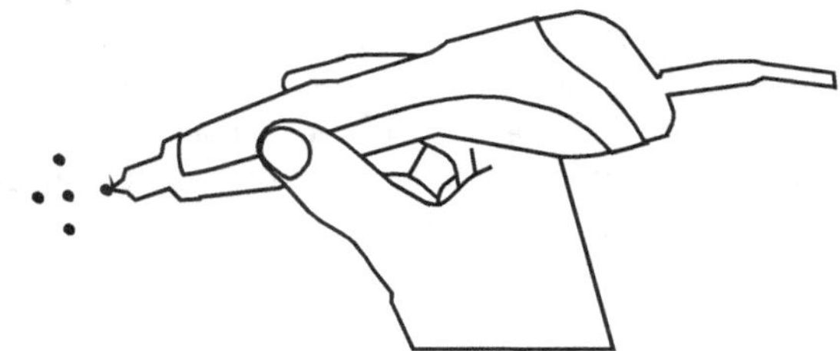

auch wenn du nicht den Nachschub gedrückt hältst, kannst Du damit Punkte machen. Ich habe diese Technik beim Mohn verwendet, um die **Punkte** am Rand der Mitte hinzu zufügen. Wenn Du mehr Nachschub brauchst, kannst Du üben ganz schnell auf den Nachschubknopf zu drücken, aber dazu braucht man ziemlich viel Übung. Oder man kann die Einstellungen

auf eine höhere Temperatur stellen, aber dabei können unter Umständen giftige Dämpfe entstehen, so dass ich das nicht empfehlen kann.

Schlaufen werden gemacht, indem man mit dem Stift Punkte macht und die Linien in Schlaufenform bewegt, während

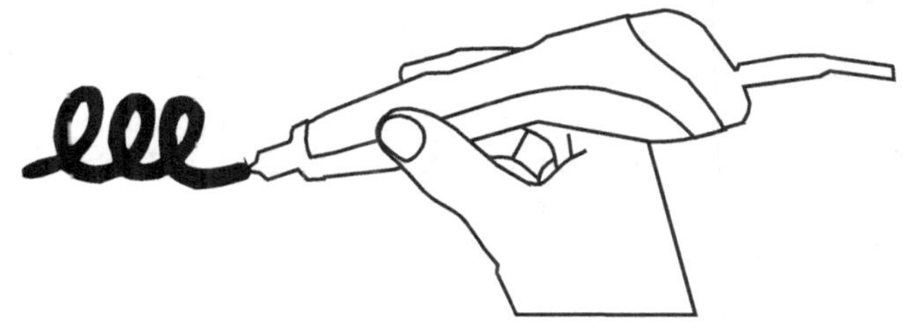

der Nachschub gedrückt bleibt. Diese Methode ist sehr nützlich um Tiefe und Textur zu erzeugen. Ich habe sie beim Baumhaus mit gutem Ergebnis verwendet. Sehr kleine Schlaufen ergeben eine gepunktete Textur. Wenn Du eine viel tiefere Oberfläche mit weniger Material erzeugen willst, kannst Du tiefe Schlaufen überlagern lassen. Der Nachteil ist, dass Deine Arbeit transluzent sein kann. In anderen Fällen kann genau das von Vorteil sein!

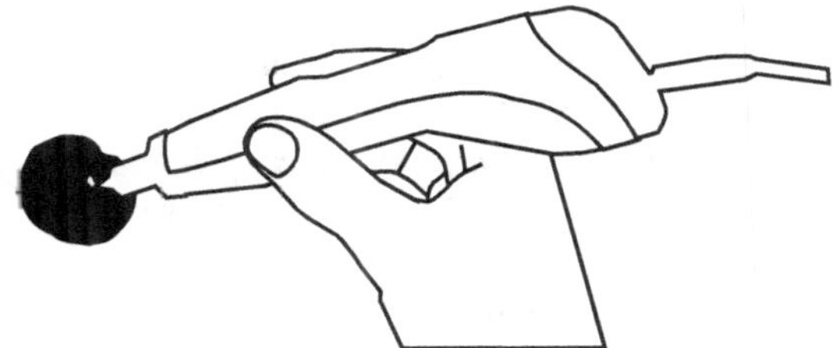

Ausgedrückte Kleckse. Wenn Du die Spitze des Stiftes in einem leichten Winkel aufdrückst und das Filament heraus schieben lässt, wird es ausgedrückt und schiebt sich selbst vorwärts, bis es einem Klecks formt. Ich verwende diese Technik für kleine Blumen und Beeren, wie rote Johannisbeeren und Brombeeren.

Andere Füllungen, die in diesem Buch verwendet wurden

Zickzack Füllungen.
(für Stiele)

Fächer-förmige
Füllungen

Kringel Füllungen

Spiral-Füllungen

Armaturen und Unterstützungen

Für runde Häuser verwende ich Lebensmittel-Verpackungen aus Karton wie zum Beispiel Puddingpulver-Dosen, oder man kann auch Verpackungsrollen aus Karton verwenden. Du kannst dafür auch Wasser- oder Linonadenflaschen (die mit Papier ausgestopft werden) oder Glasflaschen verwenden. Für die Äste des Baumhauses habe ich Kartonrollen, auf die Frischhaltefolie aufgerollt ist, verwendet. Das Wichtigste ist den richtigen Durchmesser zu verwenden. Die Orginalvorlagen bezieht sich auf die Größen der Rollen, die ich zur Verfügung hatte.

Wenn Du die Größe veränderst, sowohl größer als auch kleiner, musst du natürlich den Durchmesser der Unterstützungen entsprechend abändern. Natürlich kann man kleinere Rollen etwas auf polstern, indem man zusätzlichen Kartonschichten hinzufügt.

Ursprünglich habe ich das rechteckige Haus auf Milch/Saft-Kartons aus Tetrapaks aufgebaut. Ich liebe es diese mit 3D Stiften zu Verwenden, denn die Filamente kleben gut an der fast wächseren Plastikbeschichtung aber sie können trotzdem sehr gut davon abgehoben werden, wohingegen Papieroberflächen dazu neigen am Plastik fest zu kleben und es schwieriger machen entfernt zu werden. Natürlich kannst du es abwaschen indem du mit einer Zahnbürste die hartnäckig festsitzenden Papierteilchen entfernst. Du kannst auch direkt auf den Armaturen arbeiten, auf oder an denen die Vorlage festgeklebt ist oder auch frei Hand auf den Armaturen.

Maschendraht (für Käfige) ist dafür sehr gut geeignet und kann mit kräftigen Scheren geschnitten oder in Form gebogen werden (mit Schutzhandschuhen natürlich!). Wie schon zuvor erwähnt sind die rechteckigen Tetrapak-Kartons gute Formen für Häuser. Wenn Du Maschendraht verwendest, musst Du Deine erste Schicht auf das Gitter bekommen. Das kann das schwierigste an der Sache sein und ich finde eine umwickelnde Bewegung des Stiftes funktioniert noch am Besten, aber eine aufgeklebte Schicht Papier ist noch besser.

Eine Bemerkung zum Recycling. Bewahre alle übrigegebliebenen Stückchen und Fehler usw. auf. Du wirst wahrscheinlich eine Mischung von Materialien haben, die unterschiedliche Anforderungen an das Recycling haben, aber Du kannst eine Tüte mit diesen Mischteilen aufbewahren bis entschieden wird, wie man damit umgehen soll! Recycelte Filaments werden gerade entwickelt.

Die 3. Dimension

Natürlich ist Dein Stift ein 3D Stift, also last uns die 3. Dimension erkunden! Last uns mit dem Konstruieren beginnen! Die Häuser in diesem Buch sind frei Hand verbunden worden und werden oft auch ohne Unterstützung hoch gehalten, außer den gerade erst konstruierten Teilen selbst. Wie zum Beispiel die Seitenwänden des quadratischen Hauses und der Zigarrenkiste einfach im richtigen (rechten) Winkel aneinander gehalten

wurden und dann mit einer dünnen Schicht Filament überlagert und zusammen geklebt wurden. Ich mache dass indem ich sanft auf die Oberfläche drücke, so wie mit ein Punktschweisgerät, und das schmelzenden Filament die Ecken ausfüllen lasse. Beachte dabei, dass neues heißes Filament das alte Filament aufweichen wird und beide zusammen schweißt. In diesem Falle ist das auch großartig! Jedoch ist das nicht so toll, wenn man mit wirklich filigranen Pflanzen arbeitet, und dabei die Teile verwelken oder sich verbiegen. Daher solltest Du überlegen ob es sinnvoll ist eine Art Stütze zu benützt, um die Einzelteile an der richtigen Stelle zu fixieren, während sie abkühlen. Manchmal ist die Biegung der Filamente jedoch genau das was Du haben möchtest, wie zum Beispiel für die Biegung der Blütenköfe (z.B. bei den Osterglocken), aber manchmal möchte man es eben auch wieder nicht haben und man muss sehr genau darauf achten wie man die Unterstützung an den Teilen anbringt. Manchmal muss man einen Kleks geschmolzenes Filament auf einem Blütenteil anbringen, und dann schnell das nächste Teil anfügen. In manchen Fällen habe ich in der Mitte der Blume ein Loch offen gelassen, so dass man die Blütenblätter einfach zusammen halten kann und das befestigente Filament in der Mitte aufbringen kann und so frei Hand die Mitte der Blume aufbauen kann. Manchmal ist das jedoch nicht möglich und Du musst das "so schnell wie möglich"-Zusammenkleben von Kleinteilen üben. Hier währen natürlich 3 Hände nützlicher als zwei. Du kannst natürlich ein Lötwerkzeug benützen, das die Elemente an die richtige Stelle hält,

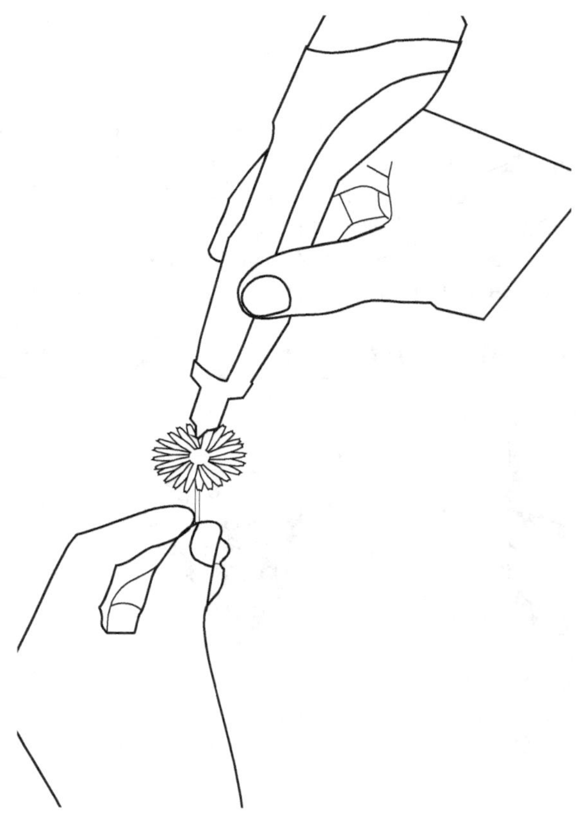

Steinhaus - Anleitung

Auf den folgenden Seiten wirst Du das erste größere Projekt finden. Es ist ein etwas schwierigeres Projekt, aber es ist sehr nützlich, wenn man das Ausfüllen beherrscht und Du wirst einige Erfahrungen sammeln können wenn Du das Dach zuerst ausführts. Und da es aus Stroh sein soll, ist es eher grob und ein wirklich guter Startpunkt.

Du brauchst einen sauberen Tetrapak, eine Schere, einen dünnen Spatel, Kreppband und Filament in der Farbe von Stroh oder Gras oder Ästen. Ich habe "Sandy" von TreeD verwendet.

1) Mache eine Fotokopie von der Vorlage und klebe sie mit dem Kreppband so auf den flachen Tetrapak-Karton, dass Du die Form des großen 3/4 Kreises ausschneiden kannst. Du musst diese Form ausschneiden, da sie eine gekrümmte Form annehmen soll. Schneide die dreieckigen Löcher aus. Schneide auch die großen und kleinen Rechtecke aus und die kleine Kamin-Abdeckung von Seite 10. Du kannst die Papiervorlagen danach entsorgen, den das Tetrapak Material ist in diesem Fall besser zu benützen.

2) Bringe die beiden geraden Seiten zusammen bis ein schmaler Kegel, dessen bedruckten Seite auf der Außenseite ist, entsteht. Die bedruckte Seite des Tetrapaks klebt etwas fester an als die silberne Seite und daher ist es besser diese (die bedruckte Seite) für dein erstes Projekt zu verwenden. Klebe es mit dem Kreppband zusammen.

3) Lade Deinen 3D Stift auf und beginne auf der äußeren Kontur. Zeichne ungefähr einige Zentimeter lang mit dem Stift in Richtung zur Mitte. Langsam und sicher zuerst, vor und zurück so als ob Du etwas "ausmalen" möchtest. Versuche jedes einzelne Filament so zu setzen, dass es das jeweils nächste berührt. Wenn Du einen schnelle Nachschub hast wird es besser aneinander kleben. Setze diesen Vorgang um den Kreis herum weiter fort. Denke dabei daran, dass die innere Kante mehr überlappen wird als die äußere, da es ein Kreis ist. Wenn es Dein erster Versuch sein sollte mach Dir nichts daraus, falls Du immer wieder "Fäden" ziehst, wenn Du den Stift von der Oberfläche weg bewegst, oder wenn der heiße Stift schnappt sobald er die letzte Linie berührt. Mach einfach weiter und Du kannst später alle hervorstehenden Stücken einfach ab knipsen, falls es notwendig sein sollte.

4) Wenn Du mit dem ersten Ring fertig bist, beginne mit dem nächsten, der den ersten ein bisschen abdeckt sollte. So kannst Du das komplette Dach in Richtung zur Mitte aufbauen. Vergiss nicht die Löcher für den Kamin und die Dachfenster auszusparen.

5) Füge die dicken Dreiecke ein, indem Du sie unter die Dachkante schiebst und fest klebst. Baue die Dächer der "Dachluken" auf. Entferne die Dach-Form mit einem Spatel. Falls Du noch größere Lücken entdecken solltest, fülle sie mit Filament aus.

6) Schneide die großen und kleinen Kaminteile aus und klebe sie zusammen, dann das kleinere Teil in das größere und klebe sie alle zusammen, so das ein geknickter Kamin entsteht. Bedecke alle Teile mit schwarzem Filament. Achte darauf dass Du die Röhre nicht zu nahe an der Stelle hältst, wo du arbeitest, denn Du könntest Dich dabei brennen. Entferne die Röhre mit Hilfe eines dünnen Spatels. Klebe nun die Kaminabdeckung und biege die Schlitze so das sie in den Hauptkamin gleiten. Baue das Filament so dünn wie möglich auf. Falls Du diesen Teil noch zu schwierig findest, warte damit bis du etwas mehr Übung hast. Schiebe es in das Dach und klebe es von der Innenseite mit mehr Filament fest.

Nun können wir mit dem Haupthaus zu beginnen

7) Fotokopiere und schneide die beiden Teile des Hauses aus. Klebe sie (mit Kreppband) auf einer Puddingpulverdose oder ähnlichem zusammen. Wenn Deine Dose größer oder kleiner ist als meine, wirst Du alles etwas anpassen müssen und Deine eigenen Steine hinzufügen. Denke jedoch daran, das eine Haus-Ecke noch nicht verbunden werden sollen, so dass Du die Dose und das Papier am Schluss noch entfernen kannst. Ich habe zuerst die Steine gemacht, indem ich Schichten in weiß mit konzentrischen Kreisen (oder annähernden Kreisen) aufgebaut habe und dann den Mörtel in Grau eingefüllt habe.

8) Wähle eine Farbe für die Tür- und Fensterrahmen aus und mache diese als nächstes. UND vergiss nicht auch die Rahmen für die Dachfenster zu machen wenn Du die entsprechende Farbe schon in deinem Stift hast. Füge sie dem Dach hinzu indem Du zusätzliches Filament von innen anbringst.

9) Nun fertige die Tür an indem Du glatte Striche von oben nach unten ziehst. Falls Deine Hand bis jetzt noch nicht ruhig genug ist, ist es eine gute Idee sie (die Tür) mit Holz-Filament zu machen so das es wie raues Holz aus sieht. Die Scharniere und Griffe sind filigran und schwierig zu erstellen. Du kannst sie gesondert machen und später hinzu fügen.

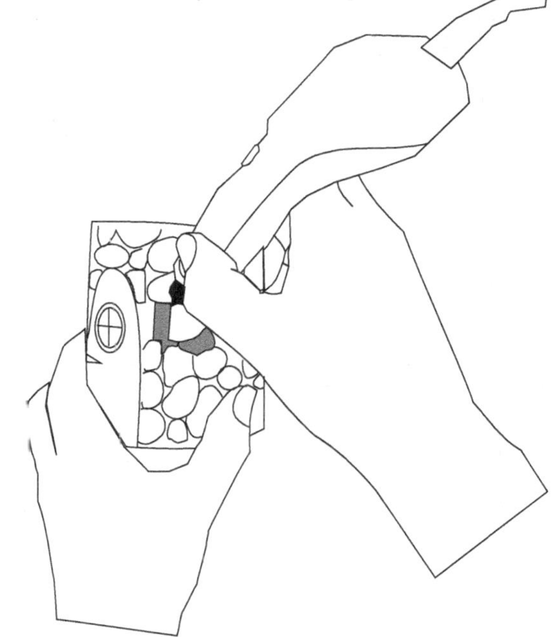

Steinhaus

Siehe Anleitung auf Seite 9

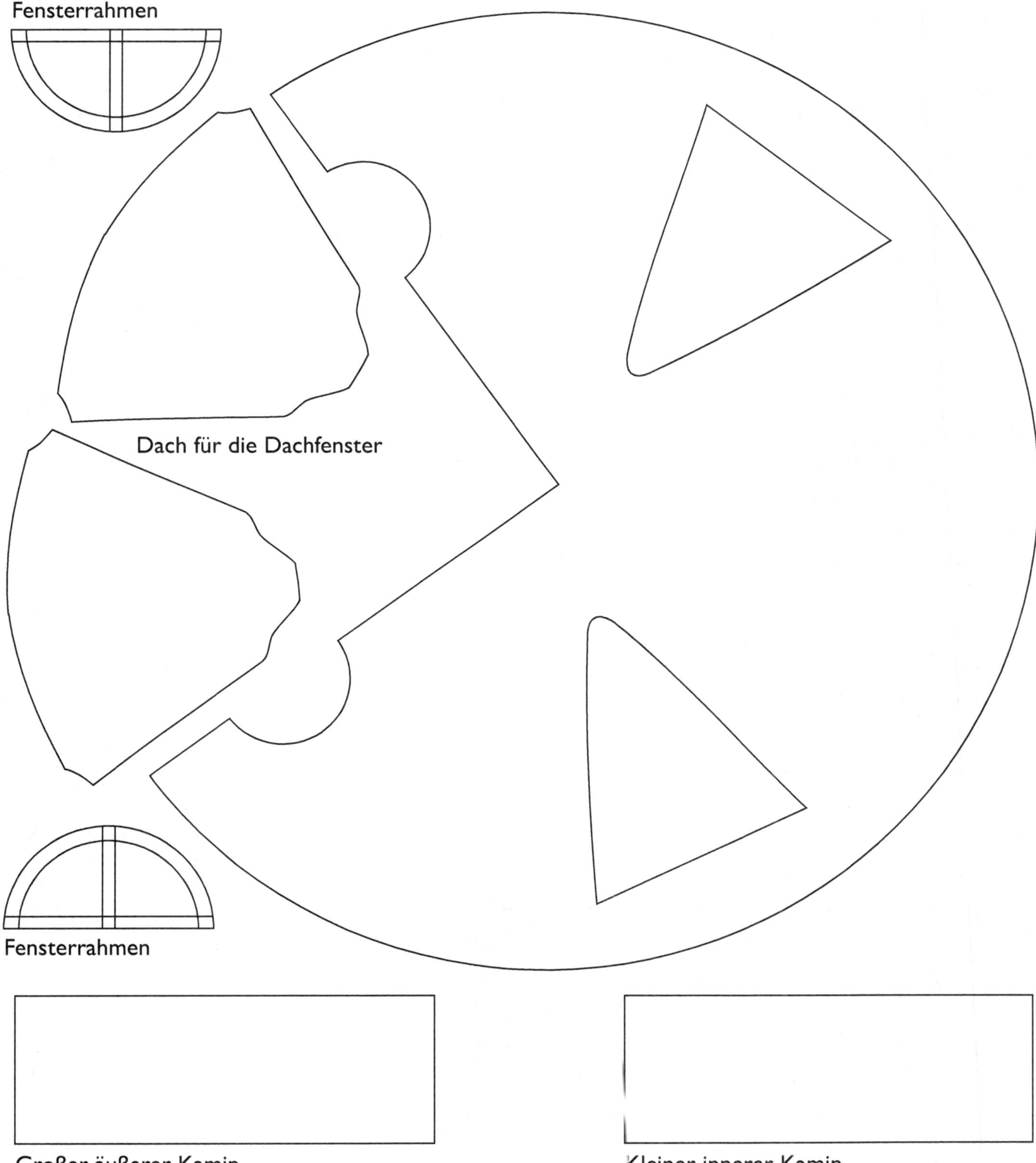

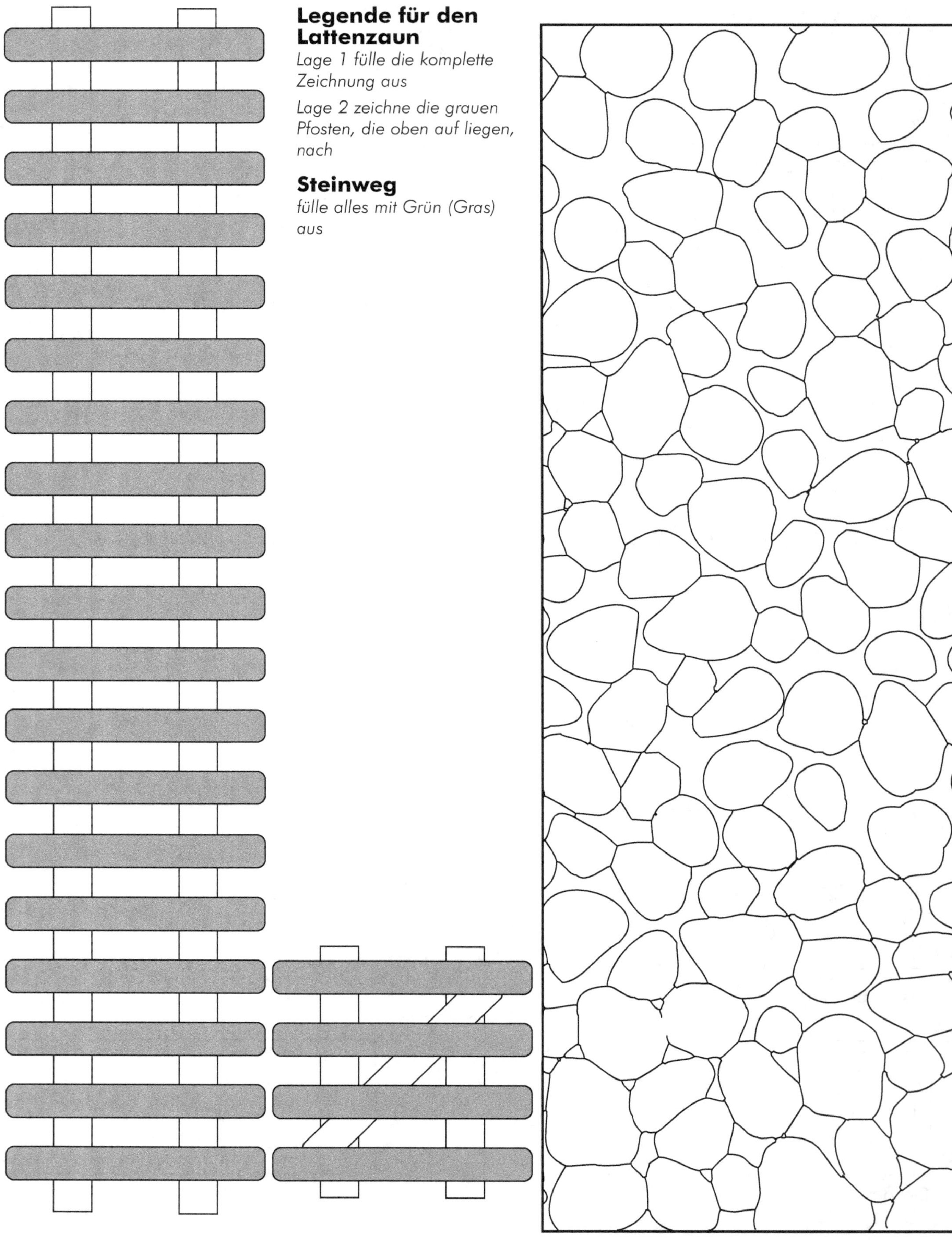

Legende für den Lattenzaun

Lage 1 fülle die komplette Zeichnung aus

Lage 2 zeichne die grauen Pfosten, die oben auf liegen, nach

Steinweg

fülle alles mit Grün (Gras) aus

Gerbera und Gänseblümchen

Nun wollen wir mit den Blumen beginnen

1) Zeichne mehrere Blütenkelche

2) Um Blumenstiele zu machen verwende ich Filament, das nicht ausgedrückt wurde, also roh, und befestige die Blütenkelche oben daran indem ich etwas mehr grünes Filament anbringe.

3) Wenn ich dabei bin das grüne Filament zu verwenden, fülle ich noch gleich die Blütenblätter mit langen gleichmäßigen diagonalen Strichen von der Kante zu den Blattadern aus. Falls Du die Pflanzen mit Draht verstärken willst, lege den Draht auf die mittlere Blattader und bedecke sie mit Filament. Du kannst für die Adern auch eine andere Grün-Nuance wählen (oder was auch immer für eine Phantasiefarbe du gerne nehmen möchtest!).

4) Zeichne die 2 (oder 3) Schichten der Blütenblätter und befestige sie mit der Hauptfarbe am Blütenkelch. Unter Umständen solltest du dazu Lederhandschuhe benützen, um Deine Finger zu schützen. Bei diesem Arbeitsschritt sollten Kinder beaufsichtigt werden.

5) Baue die Mitte so auf, wie es bei der Technik für die kurzen Schlaufen auf Seite 7 erklärt wird.

6) Befestige die Blütenblätter am Boden des Stieles. Lasse ein kurzes Stück vom Stiel unterhalb des Blattes frei, um ihn später in den Boden zu stecken! Baue die Pflanzen auf indem Du die Teile mit zusätzlichem Filament zusammen "klebst". Füge eine zusätzliche Farbe in die Mitte der Blume hinzu, nachdem Du sie zusammen gefügt hast. Du kannst den Stiel zeichnen oder indem Du eine "un-ausgedrücktes" Filament für den Kelch verwendest.

Beerensträucher

Wir haben uns dazu entschlossen ein einfaches Design für alle Johannisbeer- und Stachelbeersträucher zu machen, da sie relativ ähnliche Blattformen haben. Zeichne bei diesen Pflanzen erst die Blätter, dann die Stiele. Zeichne zuerst die Adern der Blätter und fülle dann alle Abschnitte mit diagonalen Strichen.

Zeichne zuerst die Johannisbeeren, dann die Stiele. Um die Früchte zu zeichnen musst Du lernen wie man kleine "Bälle" mit dem Filament macht.

Schalte Deinen Stift auf eine heißere Einstellung und drücke ihn gegen die Arbeitsfläche während Du das Filament nach schiebst, so dass eine Blase aus dem Filament "aufgeblasen" wird. Dazu braucht es etwas Übung. Die Stachelbeeren sollten aus halb-durchscheinendem Material gemacht werden. Zeichne die Linien, nachdem Du die Mitte ausgefüllt hast, und baue es auf bis du eine schöne runde (halbrunde) Form erhältst. Füge nun die Linien hinzu. Wenn es möglich ist, "klebe" die beiden Hälften mit dem 3D Stift zusammen.

HIER VERBINDEN

Diese Doppelseite ist gefüllt mit einfachen Standart Blattform-Pflanzen zum "Ausmalen". Sie können als Teile eines Strauches oder Baumes, oder als Einzelteile für Deine Landschaft verwendet werden. Außerdem ist es eine gute Übung, wenn Du sehr feine Elemente schnell und selbstsicher erarbeiten willst. Du kannst sie sowohl leer lassen als auch ausfüllen. Erwarte jedoch nicht, dass sie schon beim ersten Versuch schön und perfekt werden. Meine wurden es auf jeden Fall nicht! Hier kannst Du ausprobieren wie Du verschiedene Grüntöne kombinieren kannst, wenn Du welche hast.

Das rechtwinkelige Haus

1) Zeichne die Holzbalken mit Holz-Filament und fülle sie mit einer beliebigen Farbe!

2) Klebe jedes einzelne Teil an den benachbarten Teilen fest, indem Du die Kante des Tetrapaks als Unterstützung benutzt und einfach eine zusätzliche Linie mit dem Holz-Filament zeichnest, um sie zu verbinden. Am Besten machst Du das langsam, damit das Filament alles gut zusammen kleben kann. Wähle die Farben für die Rahmen und Türe aus und fahre die Linien nach. Stelle sicher, dass Du dabei entweder eine Lücke zwischen den Latten lässt (die dann später von hinten aufgefüllt werden können) oder dass die Lagen ein bisschen überstehen.

3) Das Grasdach findest Du auf Seite 20. Du musst vier Reihen mit halben Blättern, jeweils zwei Mal auf beiden Seiten des Daches anfertigen. Am einfachsten geht das wenn Du auf dem Tetrapak zeichnest. Stelle sicher dass jedes Blatt gut mit den nebenan liegenden verbunden ist. Hebe die Reihen ab und lege sie zur Seite.

4) Mache die "Dachfirst"-Blätter (die ganzen Blätter) indem Du sie über die Kante eines leeren Tertapak-Kartons biegst. Um die Blätter von der Oberfläche zu lösen, hebe sie mit einem Spatel von dem Tetrapak ab.

5) Füge das Dach zusammen indem Du an der Kante eines quadratischen Tetrapak (1 Liter Milch ist oft in diesen) mit der unteren Reihe beginnst, klebe die zweite Reihe ein bisschen über die Verbindung mit der ersten (indem Du Deinen Stift benützt). Dann die dritte und vierte Reihe, und setze zum Schluss den Dachfirst darauf. Das Dach sollte sich einfach mit Deinem Haus verbinden lassen.

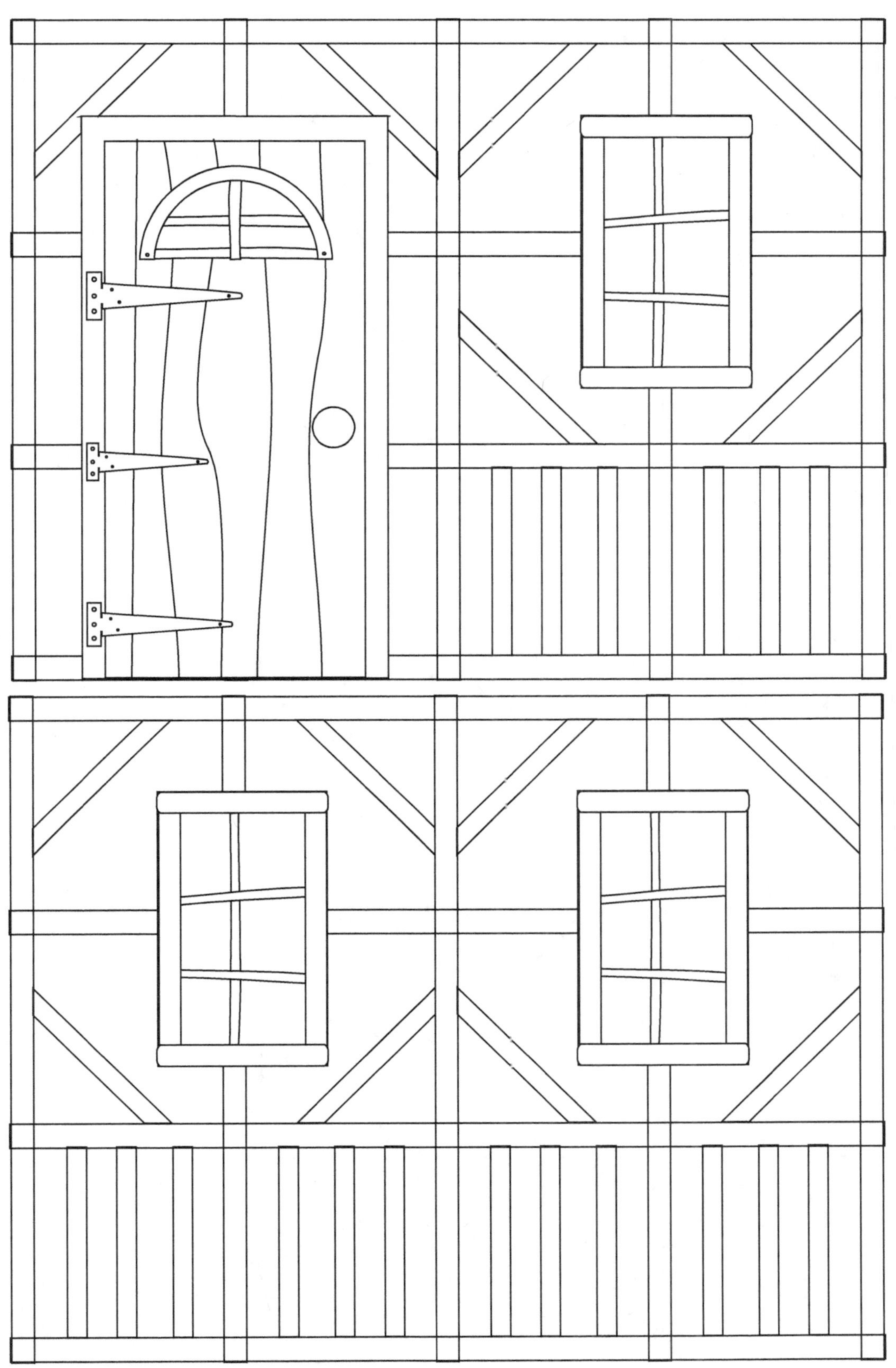

Dachfirst-Blätter

Dach-Blätter, kopiere alle vier für jede Seite des Daches

Das Gras zeichnen

Baue zuerst eine Grundschicht durch Kritzeln auf, indem Du kurze Striche mit dem Stift am unteren Ende des Tetrapak oder des Vorlagenpapiers oder auf der Arbeitsplatte zeichnest. Danach zeichne schnell mit dem Stift auf der Arbeitsplatte und ziehe, während Du gleichzeitig den Nachschub-Knopf los lässt, den Stift weg, so dass die Spitze des Stiftes flach wird und das Filament aufteilt. Dabei wirst Du sehen, dass die Spitzen des Grases oft in einer sehr schönen Weise eine gekrümmte Spitze annehmen werden. Wenn Du eine ganze Wiese voll Gras haben möchtest schlage ich vor, dass Du mehrere flache Schichten machst und diese dann zusammen klebst oder die flachen Reihen aufrollst. Du kannst das Gras auch um den Sockel des Feenhauses wickeln. Wenn Du bereits etwas Übung im "Gras machen" hast, wirst Du keine Vorlage mehr dafür brauchen.

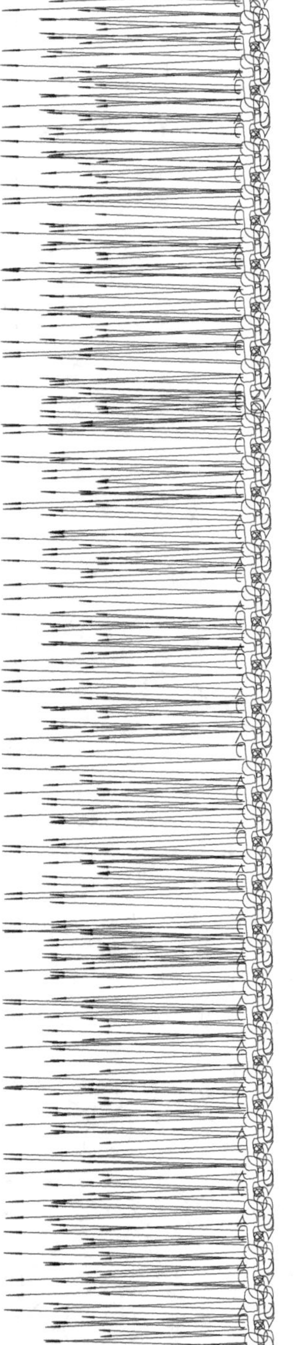

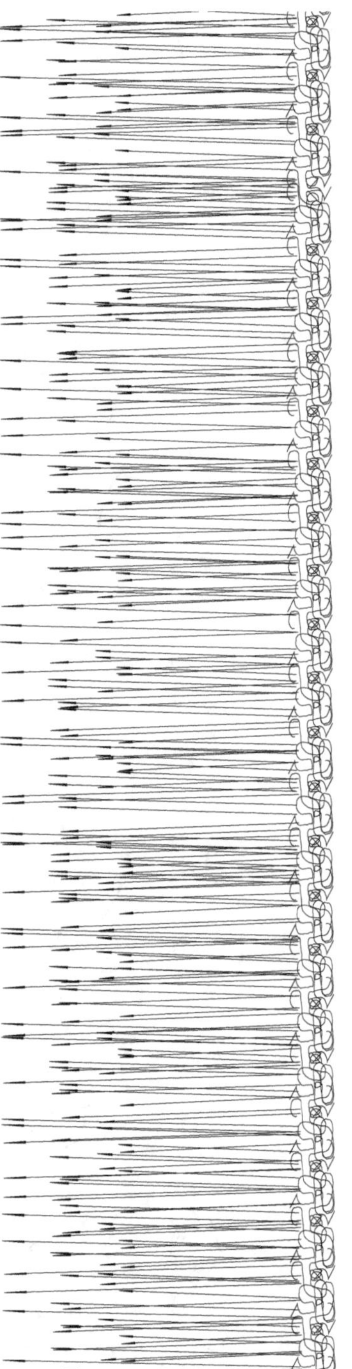

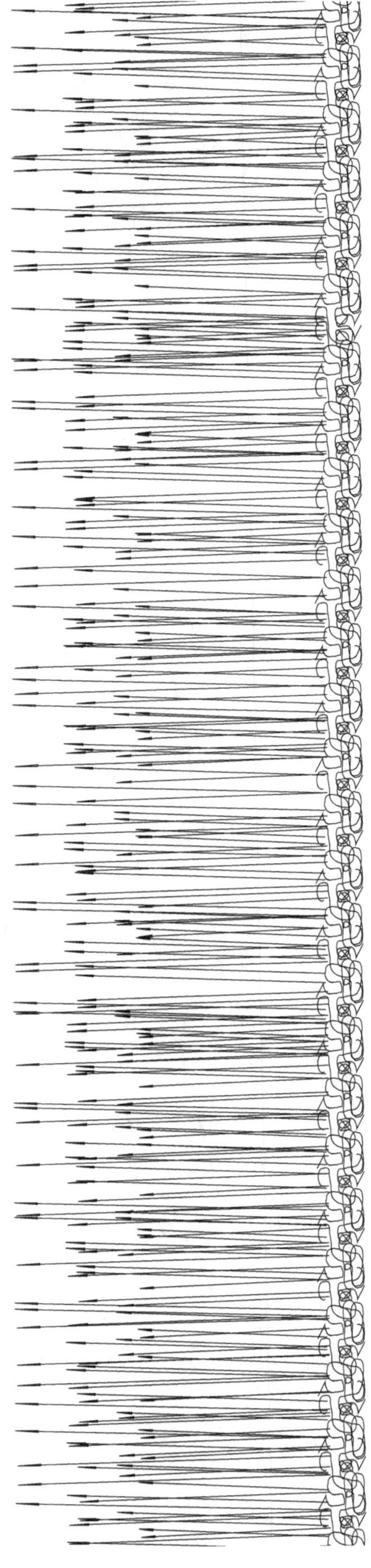

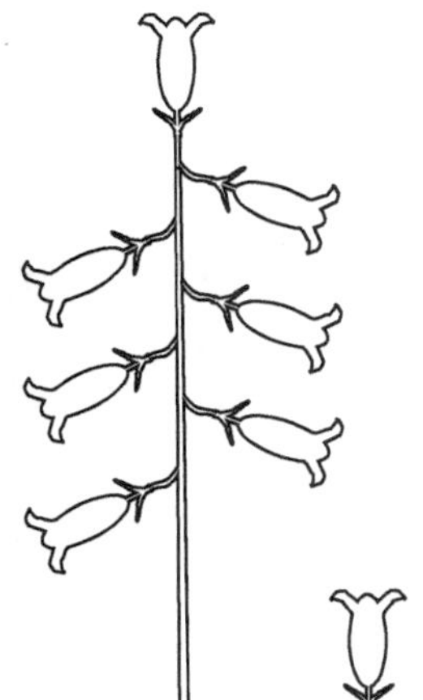

Jetzt beginnen wir mit den etwas komplizierteren und dreidimensionalen Formen, obwohl wir bei den meisten Teilen immer noch auf einem flachen Untergrund zeichnen werden. Die Mitte der Osterglocken und der kleineren Narzissen werden als flach gekrümmte Teile auf der linken Seite oberhalb der Osterglocken gezeigt, sie müssen in die schmalen Zylinder eingeklebt und bevor sie entfernt werden können, mit Filament bedeckt werden. Die Stiele der Pflanzen werden nur gezeigt um ihre Länge zu zeigen und ich würde ganze Filamente dafür benützen. Du wirst vielleicht das Filament mit Hitze gerade biegen müssen und die Osterglocken werden sicherlich noch besser, wenn man ein flacheres Filament verwendet. Biege eine Filament-"Perle" um einen Cocktail Stab (etwas größer als ein Zahnstocher A.d.Ü.) um einen Osterglockenkelch, der sehr dreidimensional ist, zu machen. Die Veilchenblüten werden in zwei Teilen erstellt. Zeichne zuerst alle vierblätterigen Blüten, und dann die Blätter, die an der Mitte befestigt sind. Die Mitte ist weiß mit etwas Gelb an der Spitze, und vielleicht ein bisschen mit Schwarz umrandet. Die Stiele werden gebogen bevor sie an den Blüten befestigt werden. Du kannst sie sanft über die heiße Spitze des Stiftes biegen.

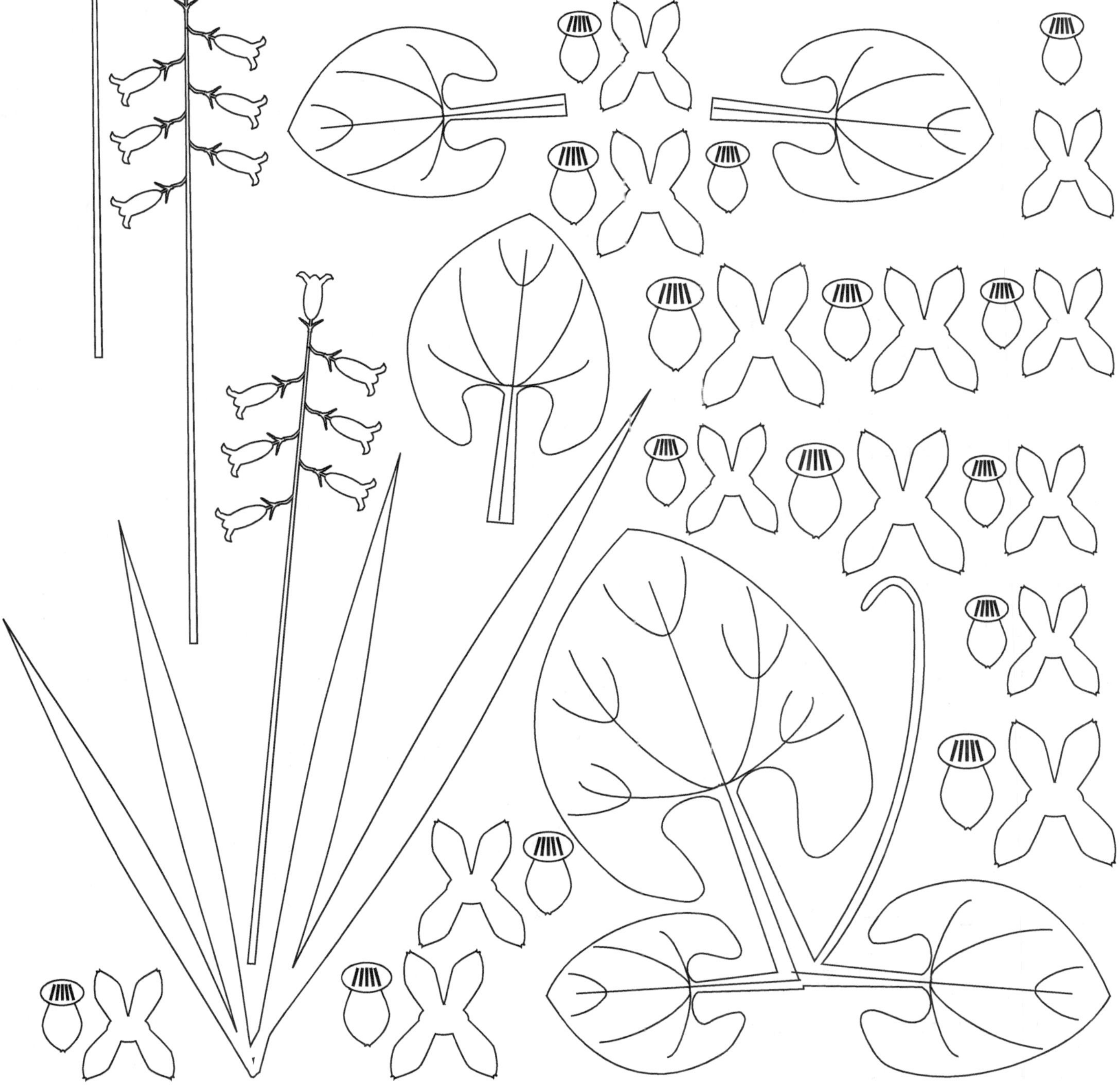

Garten-Möbel

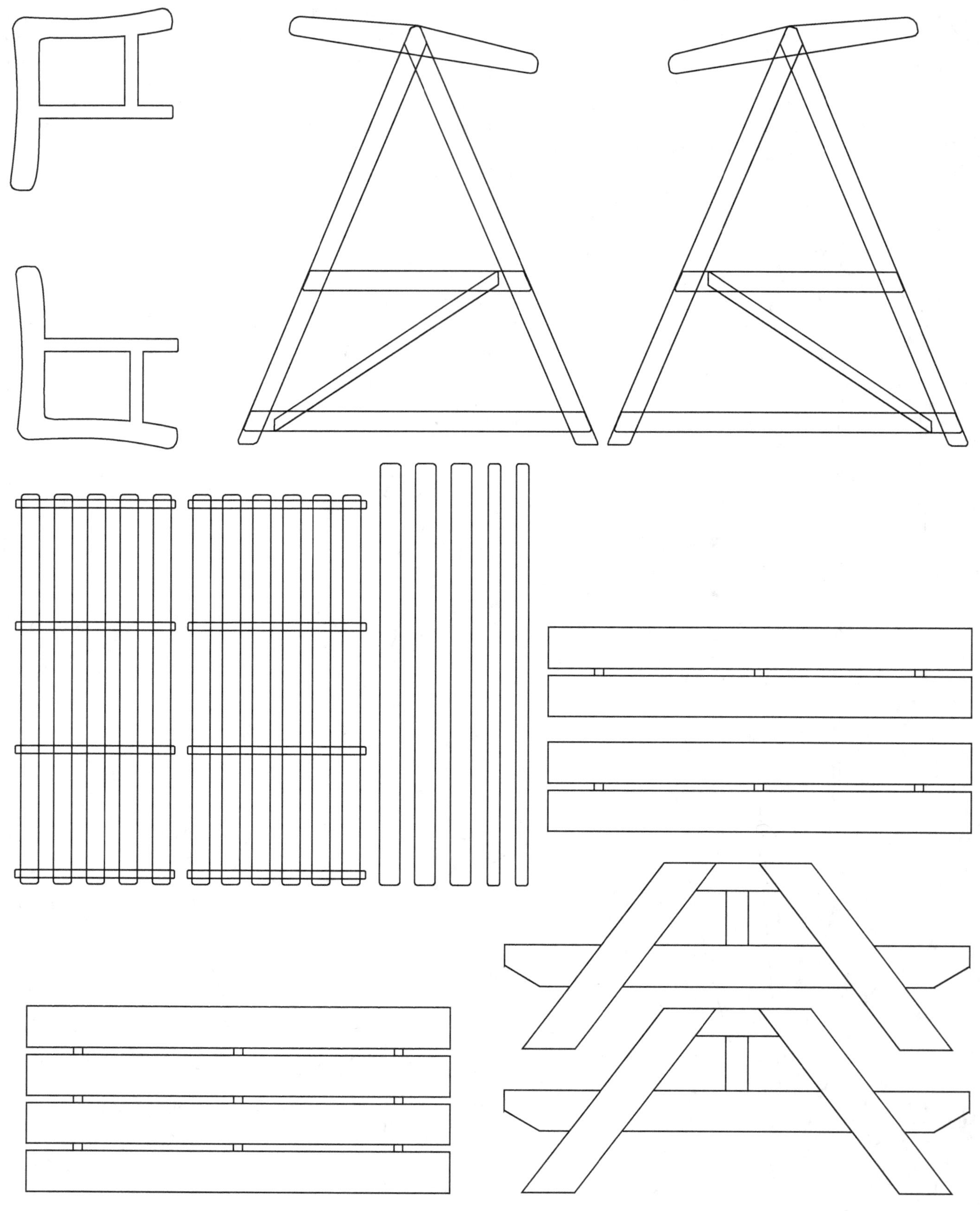

Ziegelweg &
Garten-Möbel

Ich habe den Ziegelweg für dieses Haus in Terracotta-Farbe gemacht, aber Du kannst ihn natürlich auch als Steinweg in der entsprechenden Farbe machen. Ich habe graues Filament genommen, um den Mörtel dazwischen zu simulieren. Das ist ein gutes Projekt um die Kontrolle über den Stift zu üben und ich empfehle Dir es VOR den Garten-Möbeln zu machen. Verwende eine schöne, regelmäßig, gerade Strichbewegung um die Ziegel zu füllen und fülle anschließend den Mörtel aus. Wahrscheinlich ist es am besten den Weg auf Papier zu zeichnen, denn das Papier, das auf der Rückseite zurück bleibt, hilft alles zusammen zu halten.

Die Möbel werden am Besten auf einer Tetrapak-Karte gemacht, so dass man sie ablösen kann. Ich habe meine auf Papier gemacht und die Zeit die ich damit verbracht habe das Papier abzulösen war sicherlich nerviger als es die Zeit gewesen wäre die Vorlage auf Tetrapak (silberne Seite) zu übertragen. Ich habe Ice Filaments' Bauernhof Braun Holz Filament verwendet. Stelle sicher, dass Du bei dieser Arbeit in Schichten vorgehst und mache sie so tief wie Du nur kannst, ich jedoch werde die Hauptelement dreischichtig anlegen mit ein- oder zweischichtigen Querlatten.

Wenn Du das alles gezeichnet hast ist es am einfachsten als nächstes den Picknicktisch zu konstruieren. Suche Dir etwas rechtwinkeliges, wie zum Beispiel ein Buch. Lege es flach auf Deine Arbeitsfläche. Lege die Tischplatte mit der Unterseite nach oben genau an die Kante des Buches und lege die Tischbeine darunter indem Du das Buch benutzt um einem 90° Winkel zu erhalten. Benütze heißen Filament-"Kleber" um die Tischplatte auf der Innenseite mit den Beinen zu verbinden. Lass es erst kalt werden bevor Du es herum drehst und die zweite Seite anfertigst. Drehe ihn (den Tisch) herum und füge die Sitzflächen der Bänk hinzu. Auch diesmal wirst Du schnell arbeiten müssen. Füge heißes Filament hinzu und drücke die Sitzflächen auf die Ausleger der kreuzförmingen Teile.

Die Hollywoodschaukel ist ziemlich kniffelig und schwierig. Wenn Du es zu verzwickt findest eine gerade Linie zu zeichnen, kannst Du Dir mit einem glatten Messer oder einem Metall-Lineal helfen um die erste Linie in jeder Lamelle zu ziehen und dann die übrigen daran anlehnen. Setze die Sitze auf die jeweiligen Seiten. Konstruiere dann den Hauptrahmen indem Du die Unterstützungen benützt. Die breiten Lattenroste für die Mittelteile, die Rückenlehne und den mittleren Sitz. Die dünneren Lattenroste sind für die Vorder- und Rückseite des Sonnendachs. Ich habe kein Sonnendach gemacht, aber Du kannst das natürlich trotzdem tun. Ich habe Faden und dünne Schmuck-Ösen verwendet um den Sitz einzuhängen, aber man kann es auch nur mit etwas dickerem Faden machen.

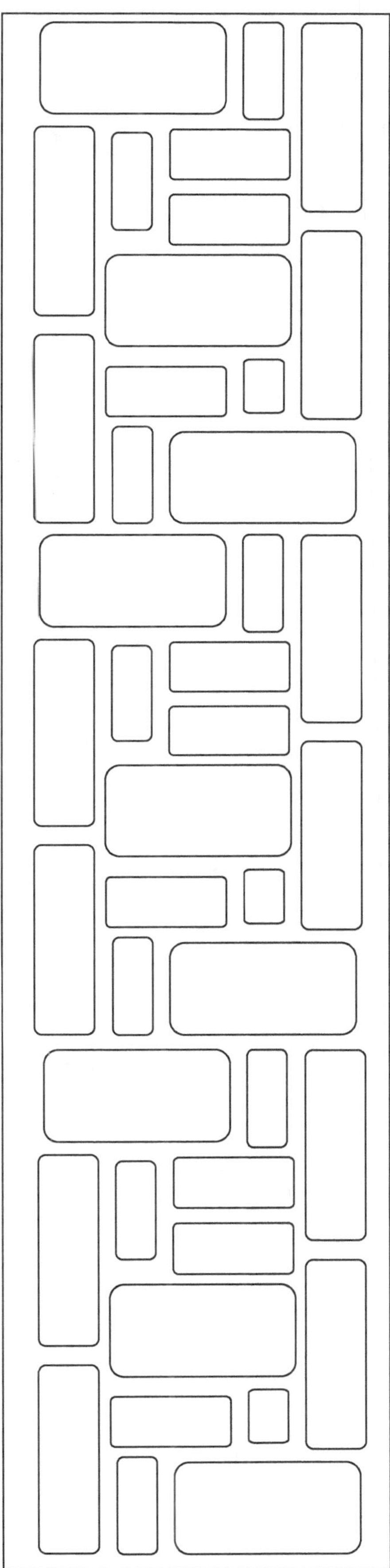

Das Baumhaus

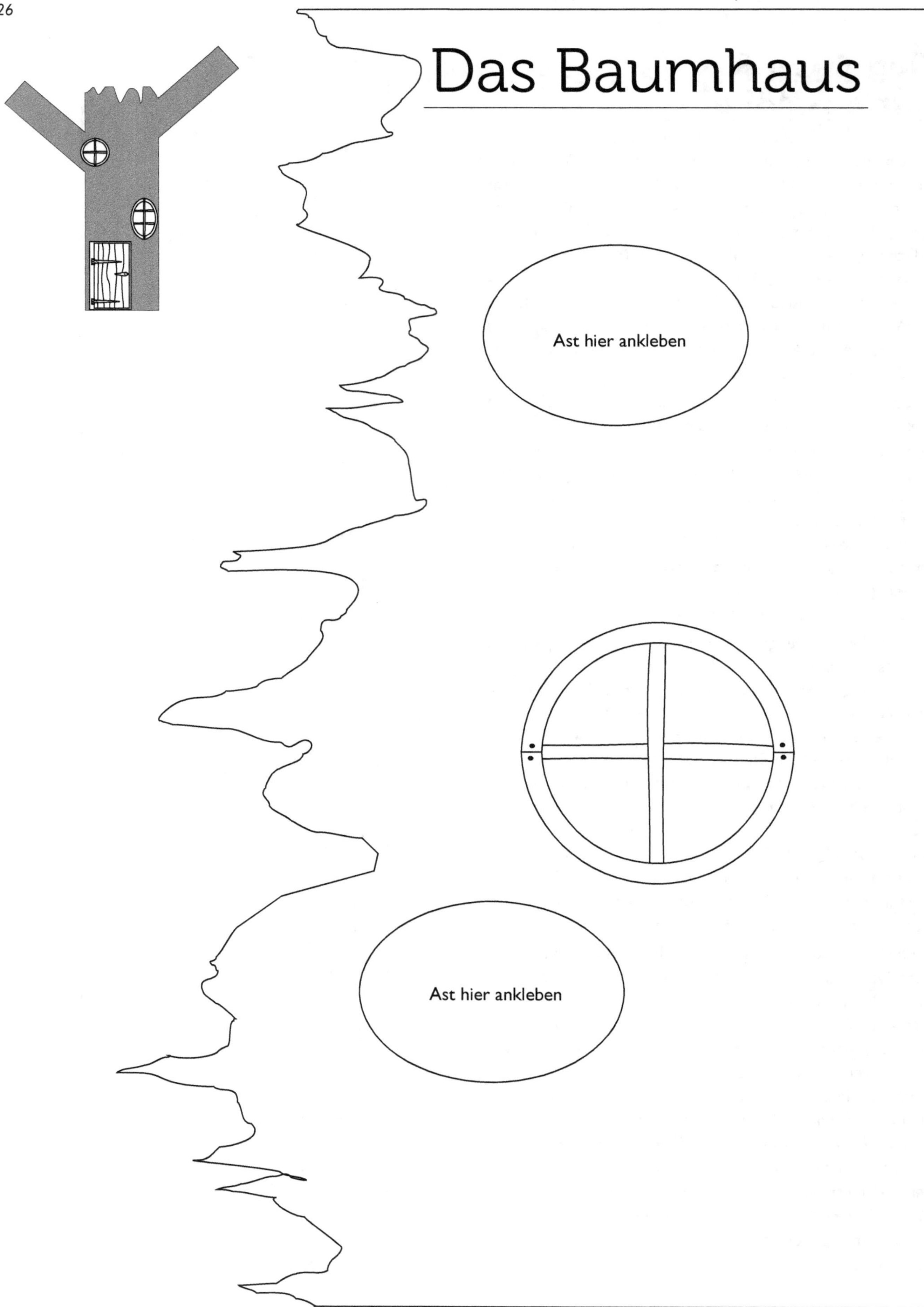

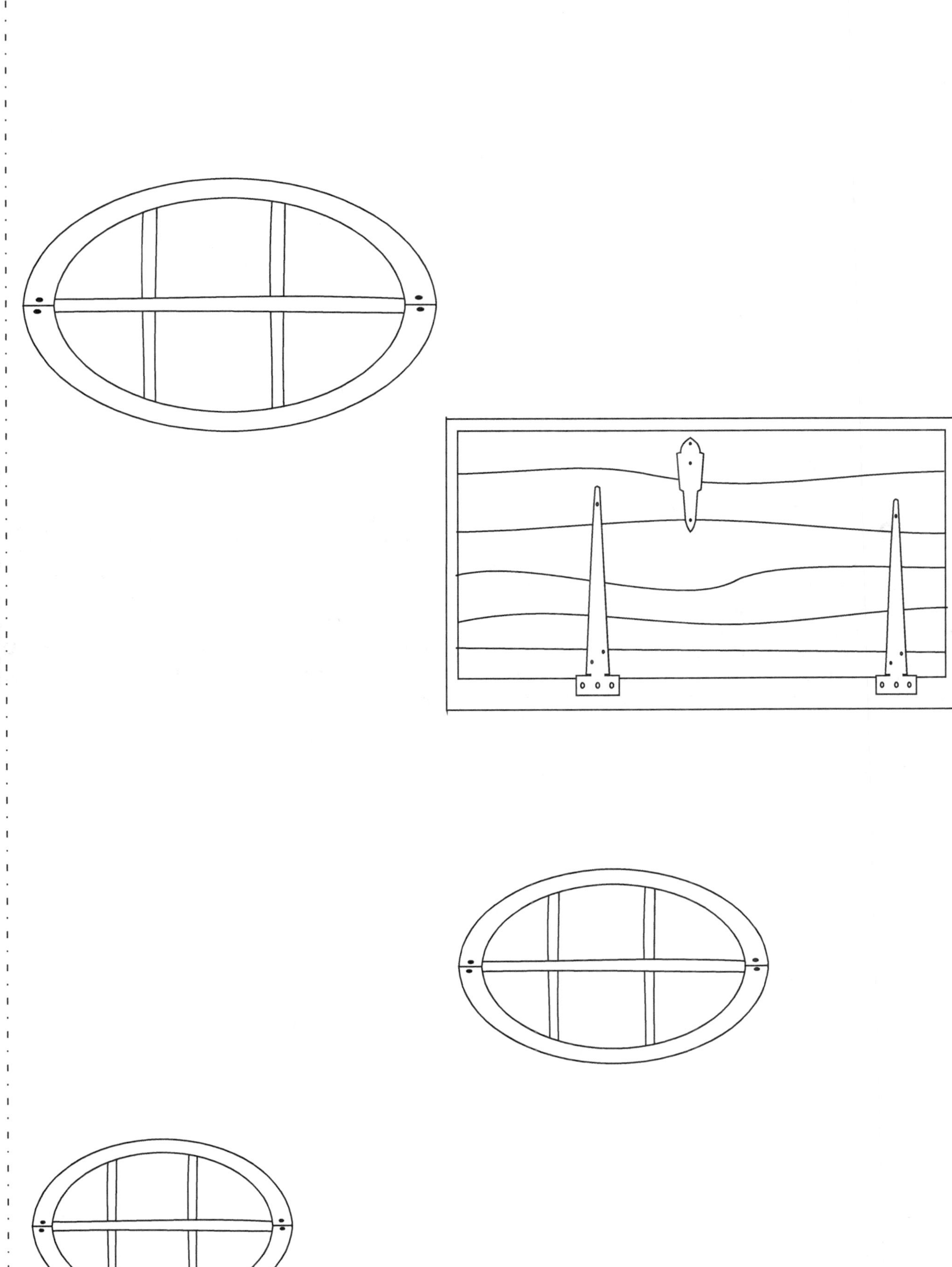
Hier verbinden oder die Höhe anpassen

Äste

Baue das Baumhaus auf einer Versandröhre auf. Wickle das Papier um die Versandröhre. Möglicherweise musst Du die Größe anpassen. Baue es auf dem Papier auf, und reise und weiche das Papier später ein. Um die Baumrinde auf zubauen habe ich abwechselnd mit glatten Strichen gezeichnet und dann, um es flach zu drücken, den Stift durch das Filament gepresst und, um eine raue Oberfläche zu erhalten, kurze sich wiederholende Schlaufen gezeichnet. Die Äste wurden auf einer Papprolle, von einer Frischhaltefolie, aufgebaut. Füge die Äste bei den oberen Löchern an, sobald das Haus fertig ist.

Um das Dach zu machen

Gruppiere die Blätter auf Seite 29 in drei leicht nach unten zeigenden Winkeln und klebe sie zusammen, klebe dann die langen Blätter zusammen und lege sie über die Spitze, so dass die erste Reihe zwischen jedem Blatt hervor schaut. Du kanntest die Blätter mit Draht verstärken, um sie leichter hoch biegen zu können.

Auf dieser Seite zeige ich wie man "Kleckse" macht, um mit ihnen halbe 3D Elemente zu erstellen. Wenn Du genug Übung hast, kannst Du sie rund machen und zwei zusammen kleben. Aber selbst als halbe-3D Objekte sind sie nett zu machen und anzuschauen. Beginne mit dem Hopfen. Ich habe Rigid Ink's wunderbare Grüntöne verwendet: "olive" für die Blätter und "khaki" für den getrockneten Hopfen. Fülle die Blätter in Abschnitten, denn wo die Abschnitte zusammen treffen ergibt es ein gefälliges Aussehen.

Du musst nicht unbedingt Blattadern hinzufügen, aber jeder Abschnitt muss den jeweils nächsten berühren und zusammen zu halten. Zeichne in jedem Abschnitt Schlaufen, die den Hopfen auszufüllen, wobei jeder Abschnitt mit dem jeweils nächsten übereinander liegen sollte und fülle dann die Abschnitte, sobald sie größer werden, mit der "ausgedrückten Klecks"-Technik aus (siehe Seite 7).

Um die Blumen auf den Brommbeer-/ Schwarzbeersträuchern zu zeichnen, mache wieder Schlaufen, fülle sie ohne Klecks auf den Blüten und lasse die Mitte für später frei. Zeichne dann einen Klecks hellgrün in die Mitte. Die Beeren werden einfach mit sich wiederholenden kleinen Klecksern gemacht. Berühre die Seite und erlaube dem Plastik für einen Moment heraus zufließen und stoppe erst dann den Nachschub, dann wiederhole diesen Vorgang. Die Grate sind etwas schwieriger. Drücke den Stift gegen den Stiel. Erlaube dem Plastik nur die kürzest mögliche Zeit um heraus zufließen (auf einer langsamen Einstellung, wenn Dein Stifte so eine hat), lasse los und ziehe den Stift schnell weg. Man braucht etwas Übung dafür. Wenn es zu schwierig für Dich ist, lasse die Grate weg.

Die Farne werden Dir dabei helfen sich wiederholende Formen immer wieder zu wiederholen. Ich rate Dir dazu für die Mitte Blumendraht zu verwenden. Lege ein Stück Draht auf die Mitte und befestige es am Papier/ der Oberfläche indem Du das Filament in einer Zickzack-Bewegung über dem Draht zeichnest. Versuche die Mitte möglichst unauffällig zu machen. Alternativ kannst Du auch nicht ausgedrücktes Filament verwenden. Dann ist es flexibel, kann aber nicht in eine bestimmte Position modelliert werden. Ich rate Dir die Kontur und die Füllung aller Blätter in einer zusammenhängenden Bewegung zu zeichnen, da das Filament sonst nicht mit der Kontur verschmilzt oder die Kontur könnte sich sogar von der Füllung lösen. Löwenzahn sind genauso wie Gänseblümchen, Du musst jedoch zusätzliche Schichten hinzufügen. Zeichne den Blütenkelch grün und fügen dann gelbe Blütenblätter hinzu, um am Schluss mit deiner eigenen "schlaufigen" Mitte abzuschließen. Stelle sicher, dass Du die Mitte der Löwenzahn- Blätter mit Draht verstärkst, so dass sie eine Biegung aushalten können. Das Efeu kann während des Konstruieren des Baumes hinzugefügt werden, wenn Du das möchtest. Oder es kann erhitzt werden und um den Baum gebogen werden, bevor es hinzugefügt wird.

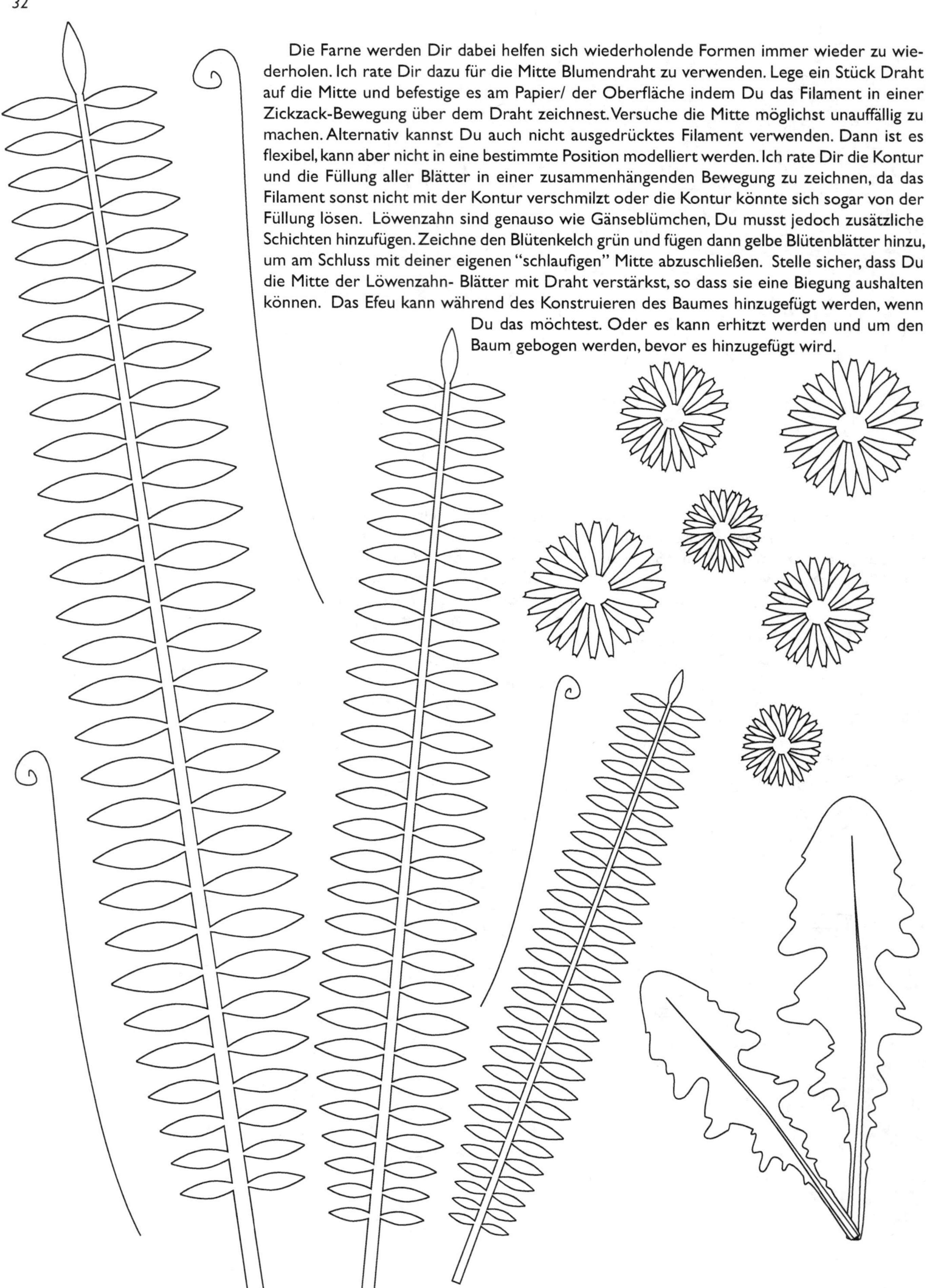

Die Baumscheiben-Trittsteine sind mit mehreren verschiedenen Holz-Filamenten von verschieden Herstellern gemacht. Mit sehr vielen lästigen Wechseln der Filamenten, so dass ich gleiche ein paar mehr machen würde! Du könntest auch Baumscheiben-Sitze oder sogar Tische in der gleichen Weise machen. Du kannst Musterstücke von verschiedenen Holzfarben von verschiedenen Herstellern kaufen und ich denke für das Ergebnis lohnt es sich. Ich habe zwei verschiedenen Grüntönen zwischen den Trittsteinen mit sehr kurzen Schlingen aufgefüllt um mehr zusätzliche Dimension zu bekommen.

Für das Gebüsch habe ich "barnyard brown" von Ice Filaments benützt. Wie Du sicher bemerkt hast, haben wir zwei zusammenpassende Seiten und eine mittlere Unterstützung erstellt. Am besten solltest Du diese auf einem Tetrapak-Karton nachzeichnen, denn Papier ist wirklich schlecht von den Zweigen abzubekommen. Wenn alle Teile fertig sind, löse sie ab und "klebe" sie über der Unterstützung zusammen. Fertige das Hufeisen genauso in zwei Teilen an. Ich habe ein dunkles Grün für den Hauptteil des Hufeisens und Schwarz für die Füllung verwendet. Denke daran dass die Füllung tiefer sein soll, also zwei Schichten in der ersten Farbe und nur eine in der Füllfarbe. Du wirst das Hufeisen am Weg befestigen müssen. Benütze grünes Filament und bedecke die Verbindung mit langem Gras.

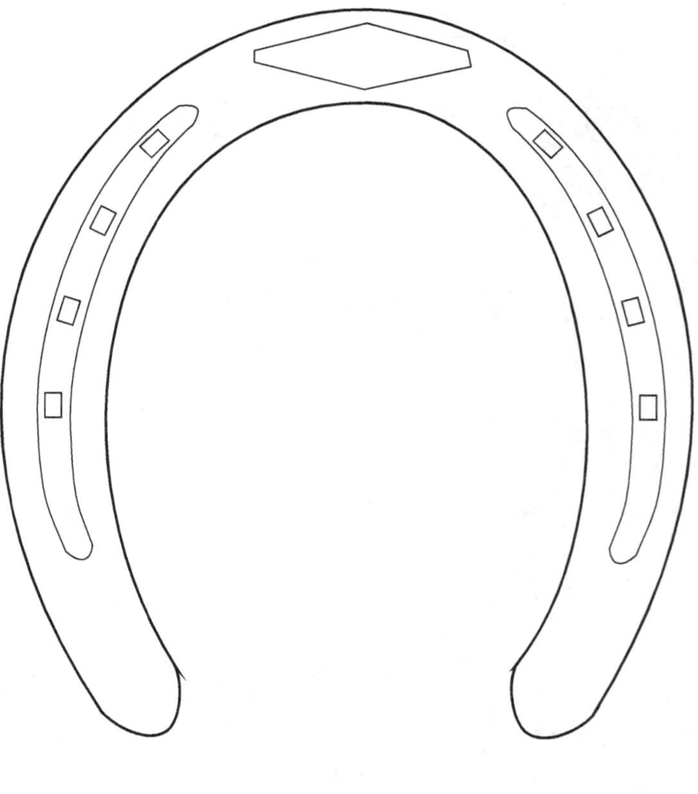

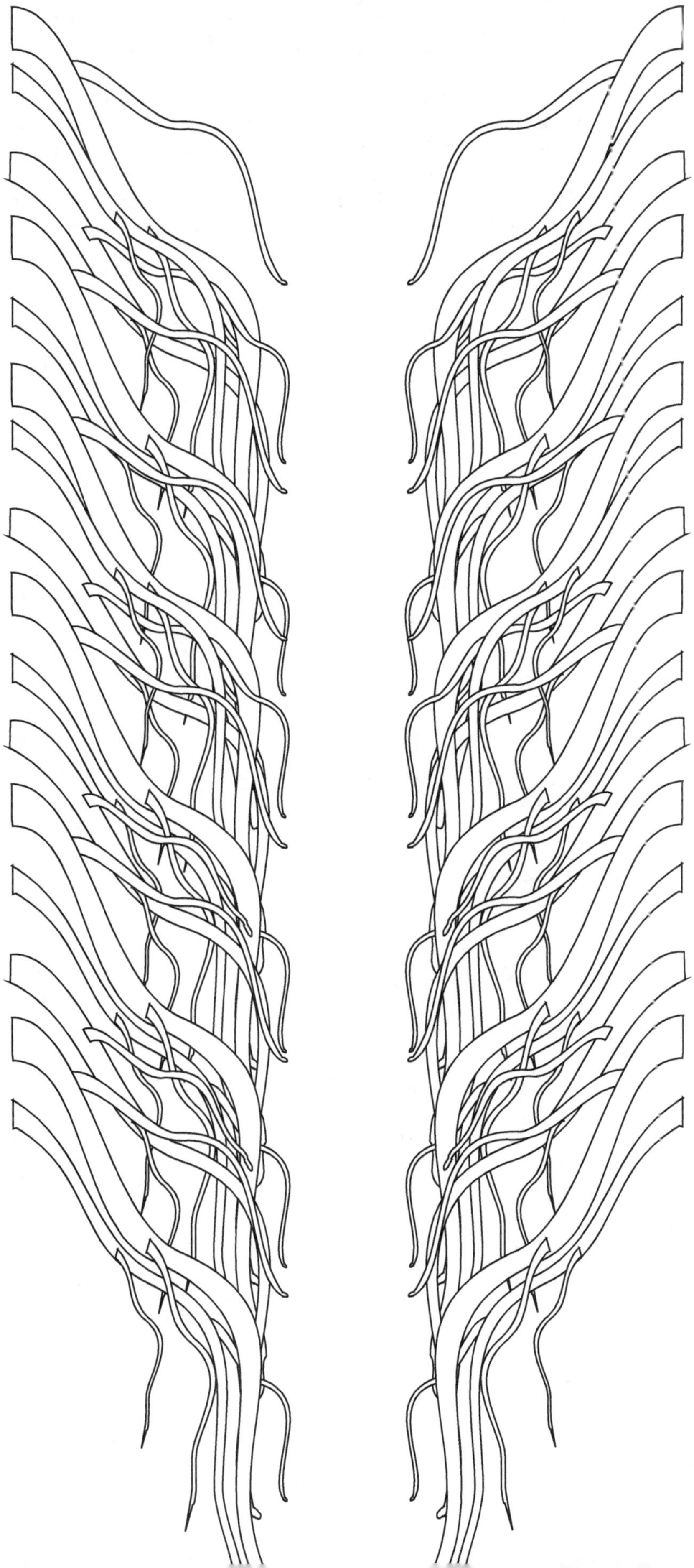

Gestrüpphecke &
Halterung

Das alte Stiefelhaus

Der Stiefel kann teilweise auf einer Versandröhre mit einem Durchmesser von 10cm (4") konstruiert werden, aber Du kannst auch zwei Pudding- (oder Kakao! A.d.Ü.) Dosen übereinander zusammen kleben. Klebe eine Seite an der Rolle fest und zeichne den Stiefel und seine Tür und Fenster darauf. Erwarte nicht, dass Du glatte Oberflächen bekommst. Das passiert eigentlich nie. Es kann auch sein das Du Risse und Lücken haben wirst, aber es ist ja auch ein alter Stiefel! Wenn Du die eine

Seite beendet hast (was eine ganze Weile dauert), nehme sie ab und mache dann mit der zweiten Seite weiter.

Du kannst dann die vorderen Teile der zweiten Seite ablösen und den Absatz und die Rückseite, solange sie noch auf der Röhre sind, zusammen kleben.

Die Spitze (die Zehen) muss auf einem Tetrapak-Karton gezeichnet und in Form geklebt werden. Ich habe auch die Zunge auf einem Tetrapak-Karton gemacht, den ich jedoch etwas verdreht gehalten habe, damit sie nicht zu gerade wird.

Wenn Du den Stiefel zusammen baust, kann es sein dass Du ihn etwas erhitzen musst um ihn flexibler zu machen. Ein heißer Haarföhn oder eine Heißluftpistole (die natürlich sehr vorsichtig verwendet werden sollte!) können hierbei hilfreich sein. Ich habe es jedoch ohne gemacht.

Um die Teile zusammen zu fügen wirst Du schon etwas Geduld brauchen. Ich habe herausgefunden, dass ich einen dickeren Stiefel haben wollte und darum habe ich einen 2cm breiten Streifen, der, wie sich herausstellte, genau die doppelte Länge eines rechtwinkeligen Tetrapaks war, hinzugefügt und legte diesen Streifen darunter um die Gummisohlen anzudeuten. Ich habe die Sohle benützt, um die Form genau hin zu bekommen, aber ich habe mich entschieden die Sohle selbst nicht zu zeichnen. Die Schnürsenkel sind einfach unbehandelte Filamente.

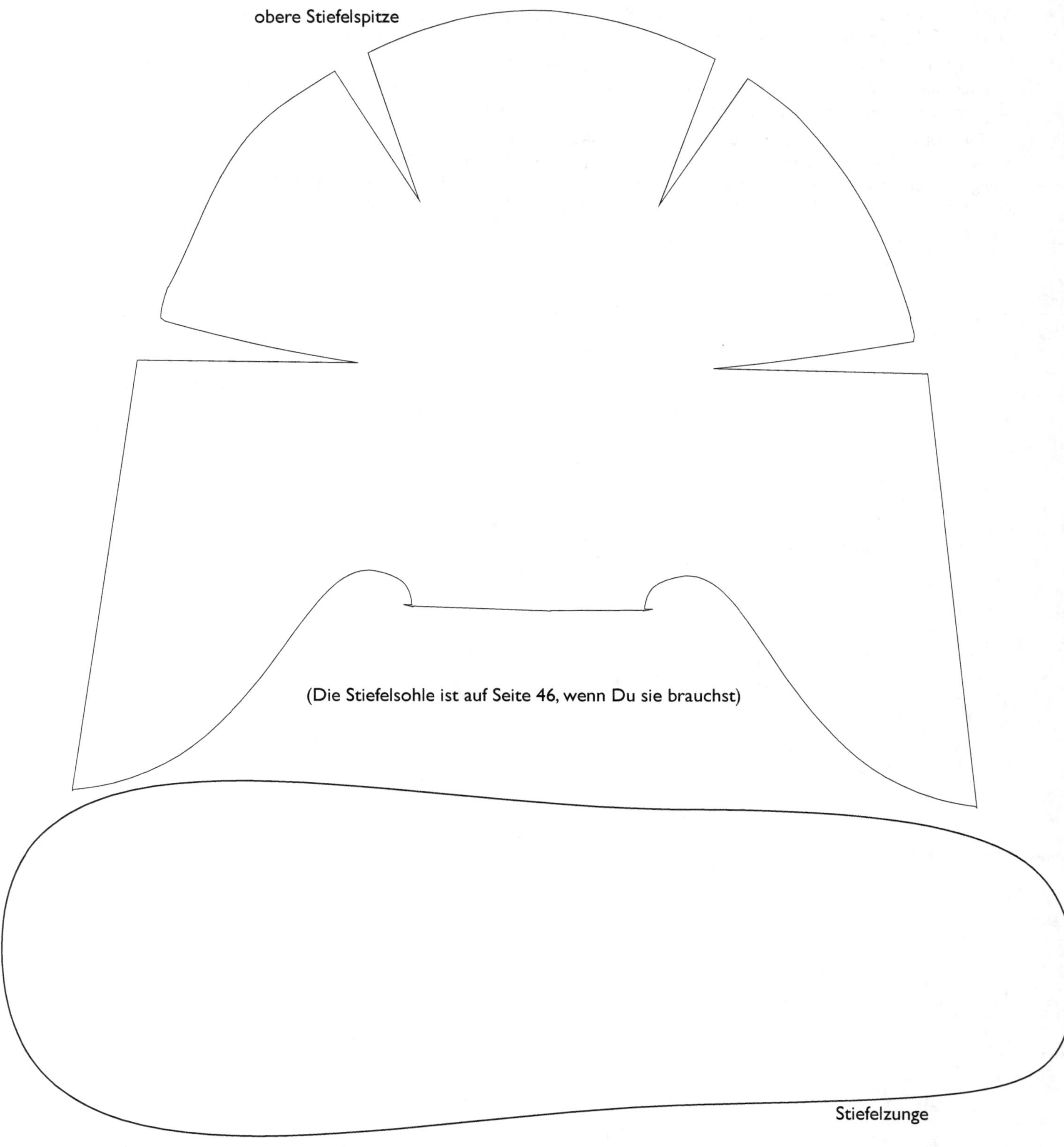

Die Zigarrenschachtel ist eine Geduldsübung.

Ich habe "Sandy" von TreeD verwendet. Stelle den Stift auf "schnell" (wenn Dein Stift diese Option hat), fülle jede Abschnitt glatt und geduldig in zusammenhängenden Bewegungen aus und stelle sicher dass jede neuen Linie des Filaments mit der nächsten zusammenhängt. Die Kanten werden etwas dicker und stärker sein. Du kannst mit gutem Filament und sehr viel Geduld ein wirklich hervorragendes Ergebnis erzielen. Falte die Schachtel mit der Papiervorlage noch daran befestigt zusammen. Baue diese Teile mit zusätzlichem Filament zusammen und lasse den Deckel der Schachtel so weit geöffnet, dass der entstehende Winkel genügt, um das Obere des Stiefels gut zu bedecken.

Hier
verbinden

Hier
verbinden

Hier
verbinden

Hier
verbinden

Verwende die Zigarrenschachtel als Dach für das Stiefelhaus

ZIGARREN

Mohn, Weizen und Astern

Die Blütenblätter. Du kannst auswählen, ob Du für die Mitte Schwarz wählen möchtest oder alles in der gleichen Farbe lassen willst. Mohn, der mit dem 3D Stift gefertigt wird, wird niemals so zart sein wie wir es uns wünschen würden, aber Du kannst ihn so dünn und grazil wie möglich machen, indem Du die Stiftspitze durch das Filament ziehst wenn Du es ausdrückst. Arbeite von der Mitte der Blütenblätter Fächerförmig nach außen und stelle sicher, dass jedes Filament am nächsten klebt, zumindest an der Mitte und an den Kanten. Löse die Blütenblätter von der Arbeitsfläche ab, wenn Du alle Reihen gemacht hast. Finde eine gebogene hitzebeständige Fläche oder den Griff eines Holzlöffels, um sie (die Blütenblätter) darauf zu legen und erwärme sie mit einem Föhn oder einer Heißluftpistole so lange bis sie weich werden und sich in eine gekrümmte Form biegen.

Klebe die Blütenblätter an den Kelch auf dem Stiel, indem Du das Loch mit grünem oder schwarzem Filament auffüllst. Jeder Mohn hat zwei Reihen Blütenblätter, jeweils im 90 Grad Winkel zueinander. Füge anschliessend die Mitte des Mohns hinzu. Und füge schließlich grüne Punkte um die Mitte herum hinzu.

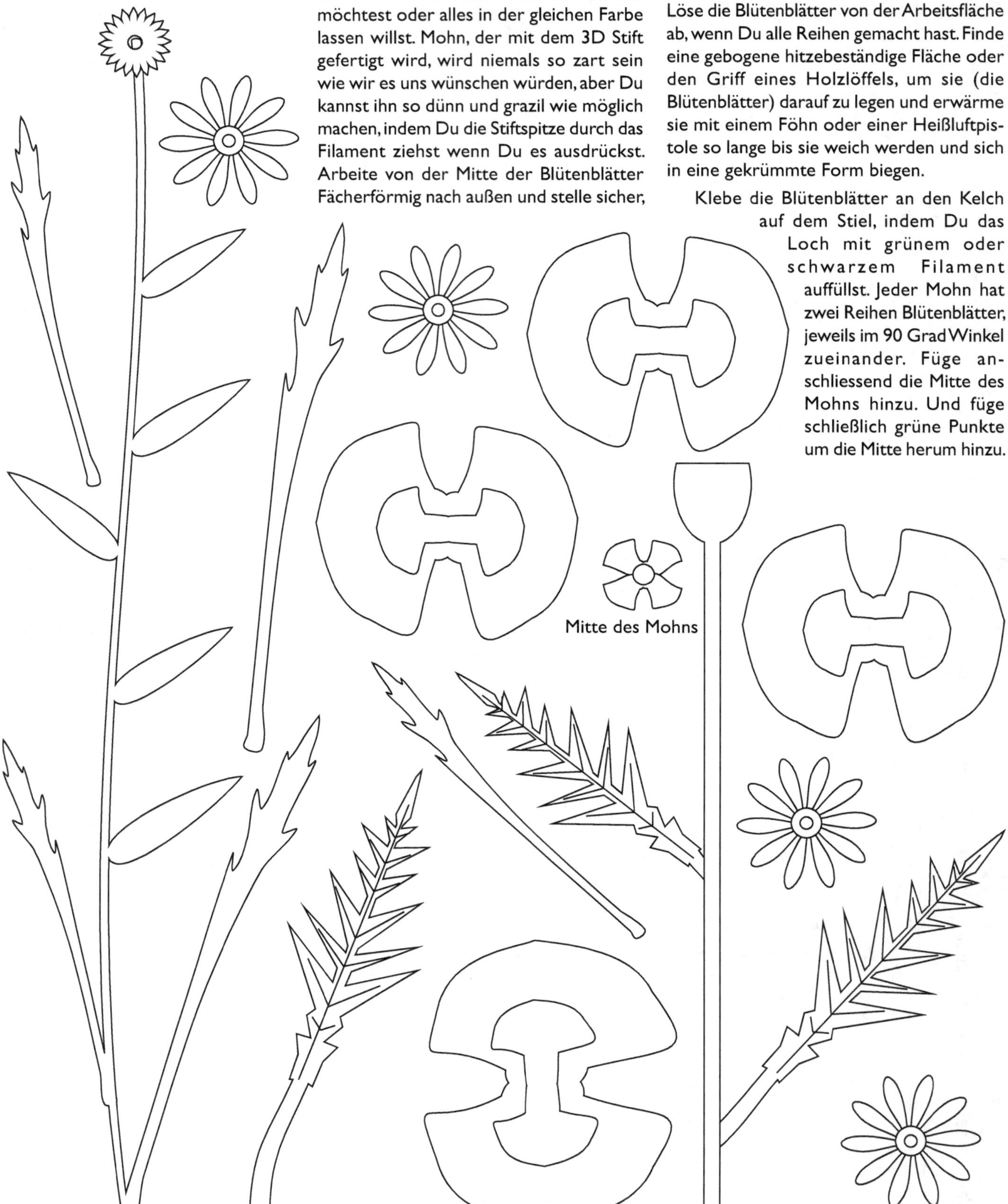

Mitte des Mohns

Unkraut

Etwas fortgeschrittener. Auf dieser Seite sind einige schwierige und filigrane kleine Unkräuter, wenn Du daran gewöhnt bist den 3D Stift zu benützen, sollten sie jedoch einfach zu bearbeiten sein. Der Stiel auf der äußersten linken Seite ist für die Vogelmiere. Das ist das Zeug das wir "klebriges Unkraut" nennen. Die vier größeren Sternformen sollten in Grün gearbeitet werden und auf den Stiel auf gefädelt werden. Die kleinen kringeligen Teile sind vereinfachte Formen der Blüten-Büschel, auch in Grün. Du kannst auch Nebenstiele mit Schlaufen-Enden hinzufügen und die kleineren Sterne auffädeln. Die kleinen fünfblätterigen Blüten können jeweils zur Hälfte in Grün und Rosa gemacht werden und, eine über der anderen, an die sehr dünnen Stiele am Blattansatz auf der Pflanze auf der ganz rechten Seite hinzu gefügt werden. Die zarte Pflanze, die zweite von links, kann so viel verlängert werden, wie Du möchtest, den sie hat die Angewohnheit sehr zu wuchern. Ich habe es wirklich genossen diese Pflanzen zu machen und habe die Flecken, die im Inneren des Stiftes zurückbleiben, wenn man die Farben wechselt, gut gebrauchen können. Siehe die besten Tipps auf Seite 47

Insekten

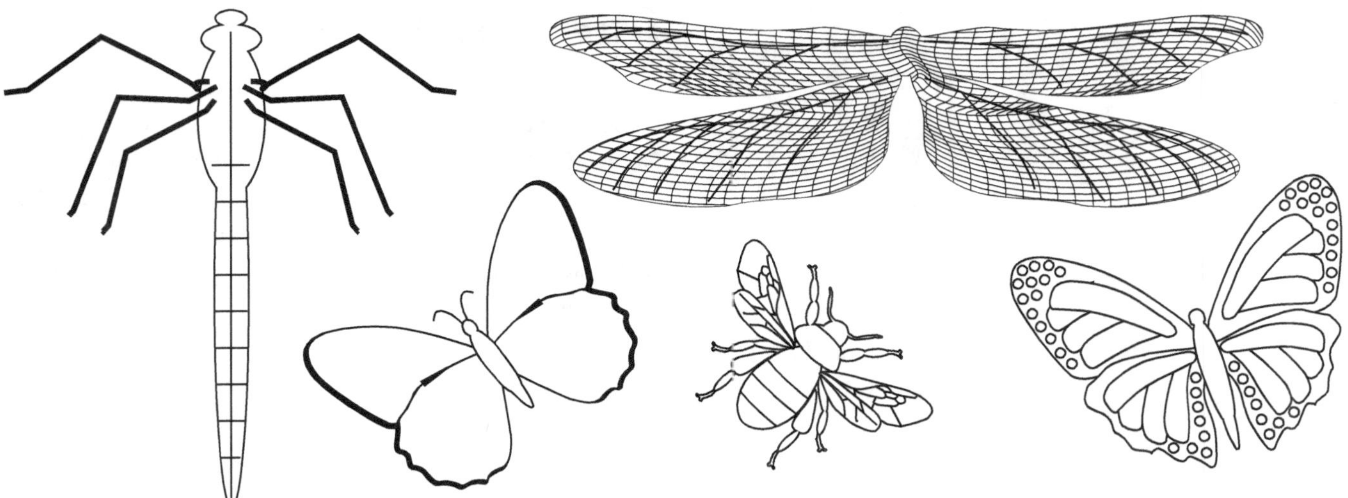

Die Toner-Aufnehm-Technik

Am Besten funktioniert diese Technik mit filigranen Elementen, insbesondere wenn Du sehr durchsichtige oder helle Farben benützt, aber die Details, die Du mit dem 3D Stift machen kannst dafür etwas zu grob sind. Ich verwende sie bei Libellen, Schmetterlingen und Pflanzen wenn ich Konturen oder Details verwenden möchte.

Zeichne die Kontur Deines Projektes direkt auf das fotokopierte Papier und fülle es mit der Farbe Deiner Wahl. Du wirst es abziehen und dann das Papier auf der Rückseite Deiner Strichzeichnung einweichen müssen. Der Toner auf dem Papier wird von dem geschmolzenen Plastik aufgenommen und hinterlässt reizvolle Konturen und Details.

Das Aufnehmen des Toners mit Farben

Ich habe mich gefragt, wie man die Technik in anderen Farben machen könnte, falls man möchte, wobei ich die Vorlagenbücher trotzdem in Schwarz-Weiß herausgeben werde und man könnte dennoch eine andere Farbe wählen. Frank hatte dann die einfache, aber ziemlich clevere Idee eine fotokopierte Vorlage mit guten, kräftigen Filzstiften auszumalen, noch einmal zu fotokopieren und dann einfach auf der kolorierten Fotokopie zu arbeiten. Das funktioniert besonders gut bei Schmetterlingen und Libellen-Flügeln und zarten Farbschattierungen bei Blüten. Polymer clay Künstler arbeiten mit dieser Technik wohl bereits (wenn nicht, warum eigentlich nicht?) aber ich habe damit bisher noch nicht gearbeitet, ich denke aber es ist eine interessante Technik für den 3D Stift.

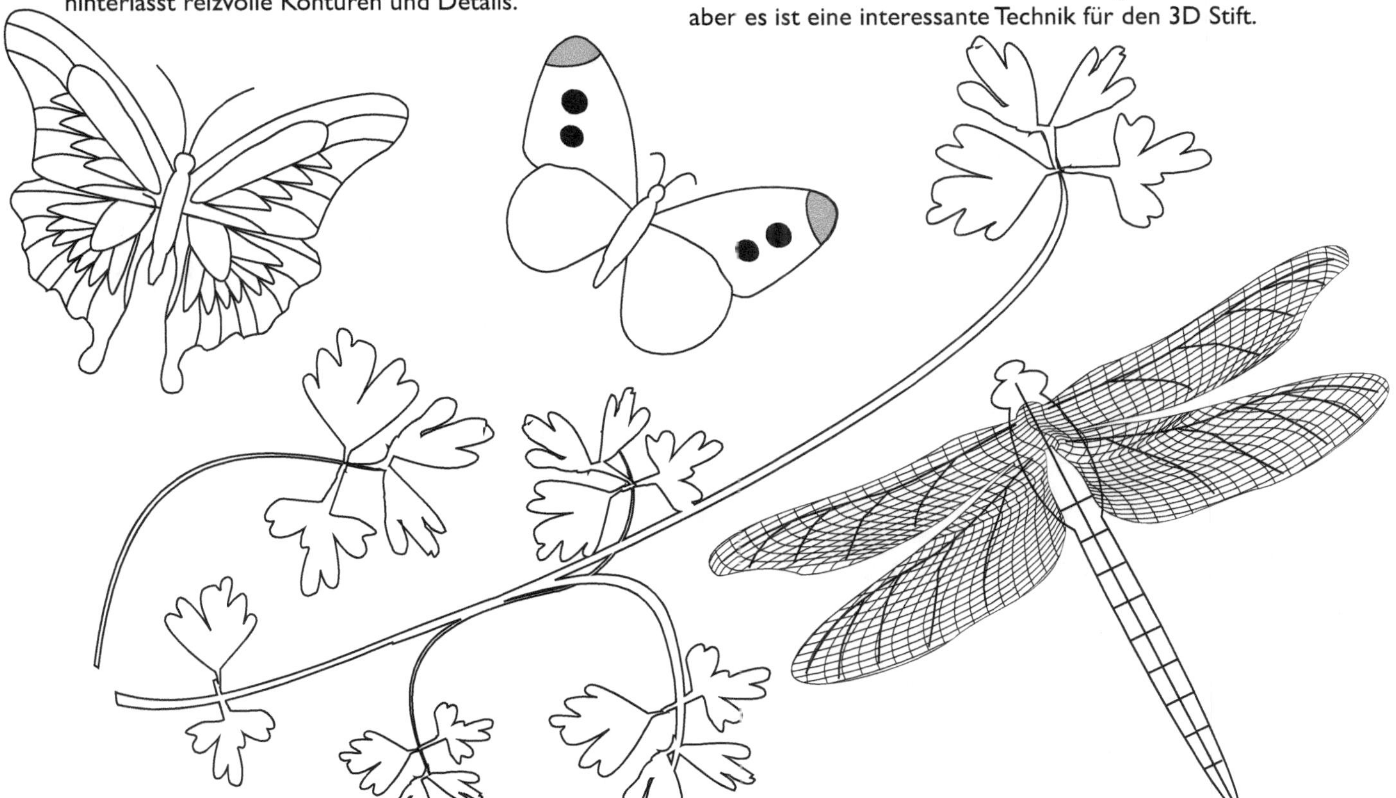

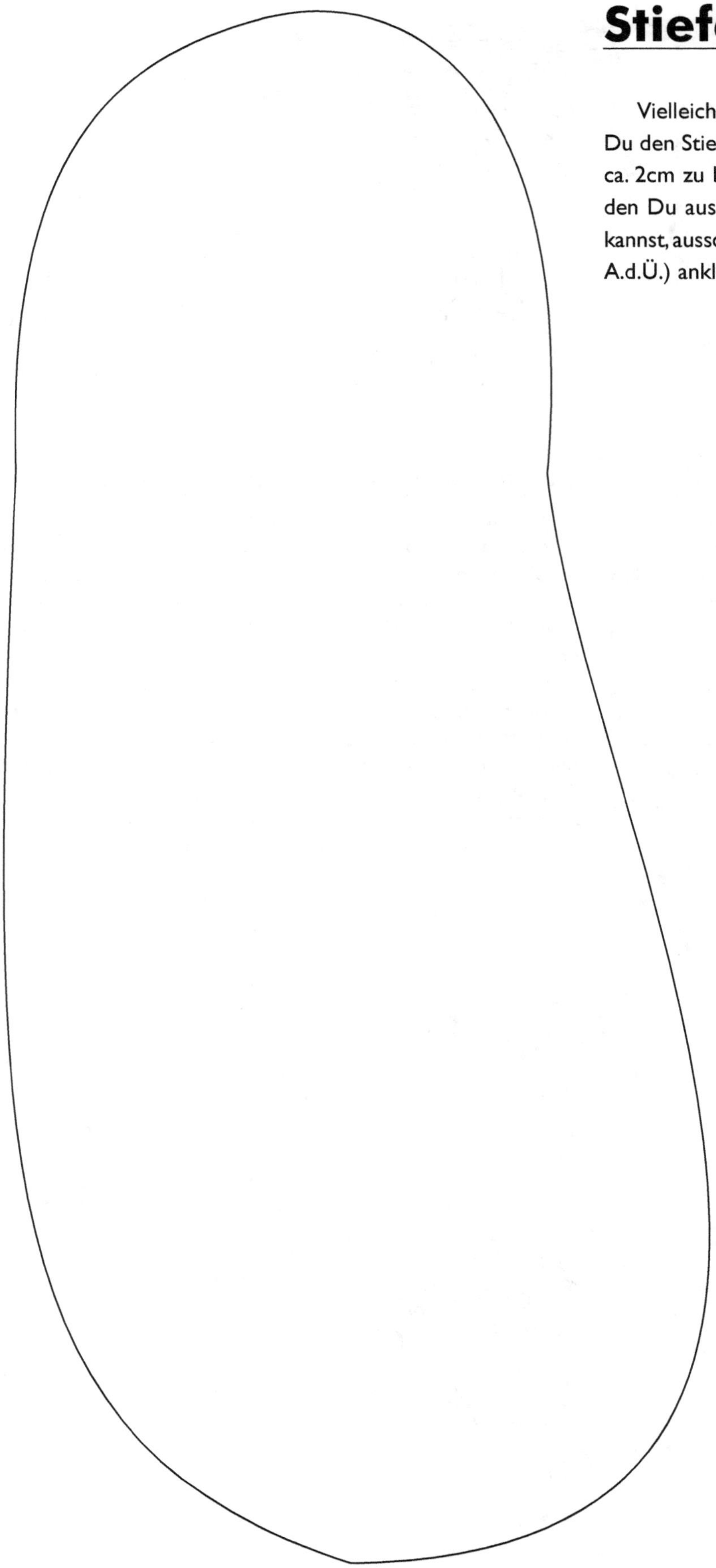

Stiefelsohle

Vielleicht brauchst Du sie als extra Unterstützung, wenn Du den Stiefel in Form bringst. Um eine zusätzlich Höhe von ca. 2cm zu bekommen, kannst Du auch einen extra Streifen, den Du aus verschiedenen Papierstücken zusammen kleben kannst, ausschneidest und um die Sohle herum (mit Klebeband A.d.Ü.) anklebst.

Die besten Tipps

Ideen zu Farben und Durchsichtigkeit.

Du kannst die Neigung einiger dunkler Farben Flecken im Inneren des 3D Stiftes zu hinterlassen zu Deinem Vorteil nützen. Wenn Du halb-durchscheinendes Weiß oder neutrale Farben verwendest, kannst Du sie, um sehr zarte Farben für Blumen zu kreieren, "tönen". Diese getönten Farben halten nicht lange an, so dass Du vorausschauend planen solltest welche Teilschritte Du in welcher Reihenfolge machen willst, um die Tönungen möglichst lange ausnützen zu können. So habe ich zum Beispiel, nachdem ich die Mittelteile der Gerbera in Magenta gemacht hatte, die sehr zarten rosanen Unkraut-Blüten von Seite 42 gemacht. Außerdem habe ich diesen Effekt auch für die Blausternchen verwendet, den es war ziemlich schwierig die passende Farbe für die Blausternchen zu finden.

Auch wenn Du Farben findest, die sehr ähnlich sind, kannst Du so zusätzliche Farb-Nuancen zu Deinen Blüten hinzufügen. So habe ich zum Beispiel in der Mitte der Löwenzahn-Blüten ein etwas kräftigeres und knalligeres Gelb verwendet. Die äußeren Ränder sehen so etwas "älter" aus.

Ich konnte kein wirklich durchscheinendes Rot finden, um damit die roten Johannisbeeren zu machen, aber für einen wirklich guten Effekt wäre es wichtig gewesen sie mit durchscheinendem Rot zu machen.

Nachträgliches Bemalen

Etwas was ich nicht mache, was Du aber vielleicht machen möchtest, ist es Deine Arbeiten nach deren Konstruktion zu bemalen. Wie zum Beispiel wenn Du eine Filament Farbe, die Du verwenden möchtest, einfach nicht kaufen kannst. Sprüh- und Ölfarben halten üblicherweise gut an den Filamenten. Wasserbasierte Farben nicht unbedingt. Du wirst jedoch keine Transluzenz erreichen können, wenn Du etwas bemalst.

Zurschaustellung Deine Feenhäuser

Die absolut am besten geeignete Grundfläche, auf denen Du Deine Arbeiten anlegen und ausarbeiten kannst, ist Oasis trockener Blumen-Steckschaumstoff. Ich habe meinen auf eine Hartfaserplatte geklebt und mit Modell-Eisenbahn Streumaterial, das man in entsprechenden Modellbau-Geschäften bekommt, bestreut. Wenn die Szenerien für Erwachsene oder für größere Kinder sein sollen, kannst Du an den Kanten Nadeln verwenden, um das Gras zu befestigen oder Du kannst auch langes Gras an den Kanten festkleben.

Kinder (jedoch keine sehr kleinen Kinder) lieben es sehr die Blumen zu pflanzen und wieder neu zu pflanzen und die Häuser zu versetzen. Wenn also die Szenerie für Kinder ist, lohnt es sich darüber nach zu denken, ob die Grundplatte und Deine Arbeiten austauschbar sein sollten, da sie kaputt gehen könnten.

Feen!

Ich bin kein großer Fan von Figuren in Modell-Landschaften, aber wenn Du welche haben möchtest, kannst Du von Barbie eine Mini oder eine 7,5 cm Barbie benützen. Die "kleinste Barbie der Welt" ist ungefähr im Maßstab 1/24 und daher genau richtig für die Größe der Häuser. Und Du kannst ihr Flügel mit transparentem Filament machen, indem Du die Vorlagen entweder der Libellen- oder Schmetterlings-Flügel verwendest. Entweder nur fotokopiert, oder ausgemalt und fotokopiert. Oder meine Polymer Clay Freunde können vielleicht flüssigen Clay auf den ausgemalten Vorlagen verwenden. Wie auch immer, die etwas größere Barbie, die oft sogar in einem Feen-Kostüm angeboten wird, wäre für Kinder, die nicht so genau auf dem Maßstab achten, wohl am Besten geeignet. Schließlich ist dieses Anleitungsbuch nicht unbedingt maßstabsgetreu! Ich habe eine Mini-Barbie bei Lidl und ein Mico-Barbie in einem Laden im Bahnhof von Malaga gekauft, aber es lohnt sich auch online zu suchen.

Stichwortverzeichnis

Biographie

Angie Scarr ist besser als Polymer Clay Miniaturistin bekannt, die sich auf Miniatur vor allem Miniatur-Lebensmittel spezialisiert hat. Ihre ersten beiden Bücher "Making Miniature Food" und "Market Stalls Miniature Food Masterclass" waren bei GMC books Verkaufsschlager und zusammen mit ihrem Mann Frank Fisher hat sie kürzliche im Selbstverlag "Angie Scarr's Colour Book" und "The Miniature Gardens Book" und zwei kleinere Bücher, die auf ihren früher herausgegebenen Artikeln im 'challenge' Magazin basieren.

Frank, ist ein bekennender 'Computer geek', der aus dem Musikbusiness kommt, Database-gestützten Webseiten erstellt und in letzte Zeit als Geschäftsführer von Angie Scarr Miniaturen arbeitet. Er und Angie Scarr veröffentlichen Bücher im Eigenverlag und Frank ermutigt Andere, die kunsthandwerklich arbeiten, dazu es ihnen gleich zu tun.

Angie und Frank leben in einem selbst erbauten Haus, das noch nicht ganz fertig ist, im ländlichen Andalusien, Spanien, und teilen ihre Zeit zwischen dem Versuch ihre Baustelle fertig zu stellen, Miniaturen zu kreieren und dem Unterrichten wie man Miniaturen fertigt, Bücher schreiben und YouTube Videos aufnehmen und seit kurzem auch Schablonen für Polymer Clay Blumen zu entwerfen. Ihr neustes Buch, 3D Stift Buch, entfernt sich etwas mehr von den perfektionistischen Miniaturen hin zu in einen "mehr zum Spaß" Ansatz und ist gleichzeitig ihr erstes gemeinsames Buch.

Danksagungen & Anerkennungen

Dank für die Inspiration dieses Buch zu schreiben gebührt meiner Tochter (Franks Stieftochter) Kira Swales, die mir meinen ersten 3D Stift gekauft hat.

Angie Grace, Designerin von Mal-Büchern für Erwachsene.

Rigid Ink, die mich ermutigt haben und mir dabei geholfen haben die besten Filamente zu finden und mich mit Barbara bekannt gemacht haben. Eine andere Hispanophile und 3D Stift-Nutzerin.

Barbara Taylor Harris selbst, die an einem Wochenende im Jahre 2016 ihre Ideen mit mir geteilt hat, während ich meine Polymer Clay Ideen mit ihr geteilt habe. Barbara hat ihr Wissen über Werkzeuge und Materialien beständig mit mir geteilt und auch eine Menge an Material. Barbara hat mir Stifte geschickt, damit ich die Unterschiede zwischen ihnen verstehen konnte. Barbara hat kürzlich ein Buch über Kunst mit dem 3D Stift geschrieben.

Joanna Beresford's "Secret Garden" Mal-Buch, das mich dazu inspiriert hat über den Übergang von Mal-Büchern zu 3D Stift Büchern nach zu denken.

Frank und ich möchten beide Eileen (Franks Mama) und anderen Familienmitgliedern und Freunden für die große Unterstützung danken, die sie uns währen der beiden Jahre, in denen ich mit meiner Krankheit gerungen habe, zukommen lassen haben. Die Krankheit ist überwunden aber die Unterstützung werden wir niemals vergessen.

Informationen, weiterreichende Literatur- und Filmliste

Mein YouTube Kanal

Videos aus dem Archiv, aus der Zeit als das Internet noch in den Kinderschuhen steckte und YouTube noch nicht mal eine Idee war, bis zu den Projekten und einigen weiteren Erläuterungen zu Projekten in diesem Buch.

www.youtube.com/user/angiescarr

Meine Facebook Seite

www.facebook.com/angiescarr.miniatures

Meine Pinterest Seite

www.pinterest.co.uk/angiescarr/

Meine Instagram Seite

www.instagram.com/angiescarr

Und schließlich meine Webseite, wo man das alles und noch einiges mehr finden kann

www.angiescarr.co.uk

Andere Bücher über 3D Stifte

Barbara Taylor Harris hat zwei Bücher geschrieben, die zusammen verkauft werden
barbara@theoldparsonage.net

"Go Beyond Doodling, Make 3D Pen Art The Ultimate 3D Pen Creation Guide Instruction" Buch
ISBN 978-1-9996477-0-4

& "Go Beyond Doodling, Make 3D Pen Art The Ultimate 3D Pen Companion Template Guide"
ISBN 978-1-9996477-1-1

Barbaras Bücher führen Schritt für Schritt vom Anfang bis hin zu 3D Kunststücken und sind sowohl für Einzelpersonen als auch für Lehrende geeignet.

Zulieferer / Anbieter

3D Stifte & Zubehör

3D Stife sind sowohl auf eBay als auch bei Amazon leicht erhältlich. Bisher haben wir nicht feststellen können, dass die hochpreisigeren besser als die günstigeren währen. Die Wahl des Filament ist jedoch entscheidend. Du solltest immer ABS mit den günstigeren Stiften verwenden, außer etwas anderes ist besonders hervorgehoben (z.B. Holz oder Stein Filamente werden nicht als ABS angeboten werden). Der Stift, der in diesem Buch verwendet wurde ist der Idrawing ID-161.

Filamente (die in diesem Buch verwendet werden)

Natur grüne Filamente:
Olive & Khaki rigidink: https://rigid.ink/

Hellgrün (Gracious Green) Ice filaments: http://www.icefilaments.com/

Mittelgrün (green) - Verbatim

Dunkles Mittelgrün (Vert) Dailyfil (French company)

Holz Filamente:
Barnyard brown und Grasshopper green - Ice filaments

Steine:
'Sandy' etc Treed http://treedfilaments.com/3d-printing-filaments

Zulieferer (Beispiel):- https://globalfsd.com https://shop.3dfilaprint.com

Farbige Filamente:
Von einer Auswahl an Zulieferern (siehe oben) und aus "kits" von Amazon.

Für mehr links von Zulieferern gehe bitte auf unsere Website:

www.angiescarr.co.uk/suppliers

Blumendraht
Vanilla Valley (online Zulieferer für Backzubehör-Artikel)

www.angiescarr.co.uk

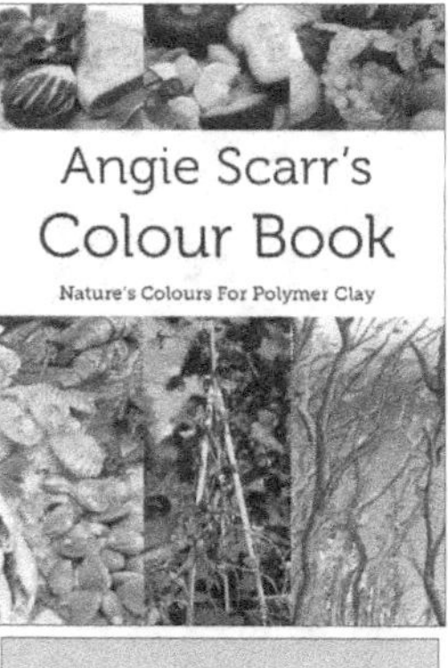

Abdruckformen, Schablonen, Sets, Bücher und mehr Bastelmaterial

www.youtube.com/user/angiescarr

Tutorials, Anleitungen und Videos über verschiedene Kunsthandwerke und Mininaturen